"十三五"职业教育部委级规划教材

21世纪职业教育重点专业教材

根据国家教育部统一教学大纲编写

U0734340

服装工业制板

（第2版）

杨奇军　吕学海　编著

中国纺织出版社有限公司

内 容 提 要

本书主要介绍服装工业制板和工业推板的基本知识及其应用，系统阐述了裙类、裤类、四开身服装（男女衬衫、夹克衫）、三开身服装（男女西装）、连身结构服装（连衣裙和长大衣）的推板及其排料等。内容丰富，图文并茂，理论与实践相结合，具有较强的指导意义。

本书适合于职业教育院校服装专业师生使用，也可供服装行业从事制板、推板的技术人员参考。

图书在版编目（CIP）数据

服装工业制板 / 杨奇军，吕学海编著. --2 版. --北京：中国纺织出版社有限公司，2019.11
"十三五"职业教育部委级规划教材
ISBN 978-7-5180-6603-2

Ⅰ．①服… Ⅱ．①杨… ②吕… Ⅲ．①服装量裁 – 高等职业教育 – 教材 Ⅳ．① TS941.631

中国版本图书馆 CIP 数据核字（2019）第 191275 号

责任编辑：张晓芳　　责任校对：寇晨晨
责任设计：何　建　　责任印制：何　建

中国纺织出版社有限公司出版发行
地址：北京市朝阳区百子湾东里A407号楼　邮政编码：100124
销售电话：010—67004422　传真：010—87155801
http：//www.c-textilep.com
中国纺织出版社天猫旗舰店
官方微博 http：//weibo.com/2119887771
北京云浩印刷有限责任公司印刷　各地新华书店经销
2002年2月第1版　2019年11月第2版第1次印刷
开本：787×1092　1/16　印张：11
字数：209千字　定价：49.80元

前言

　　服装设计是包括造型设计、结构设计、工艺设计的系统工程。在这一系统工程中，由分解立体产生平面制图到加放缝份产生样板的过程，即是服装工业制板。服装工业制板是一项认真细致的技术工作，能体现企业的生产水平和产品档次。

　　《服装工业制板》一书 2002 年 2 月由中国纺织出版社有限公司出版，并多次加印，得到了各方面的认可。由于服装行业一直在快速发展，因此要对原书内容进行修订再版。此版结合新的职业教育形势，综合教学实践中的反馈意见，在保持原有的编写思路及理论的基础上，对部分理论和书中的示范款式做了修改。理论体系以原书为主，介绍服装工业制板和工业推板的基本知识及应用，并根据服装行业的新变化对应用部分做了更新。服装示例部分仍分为裙装、裤装、四开身服装、三开身服装、连身结构服装五大类型。但在经典款式的基础上结合市场现状，调整并丰富示范款式，重新制作了相关的推板及排料文件。

　　全书基础理论知识详细，示例丰富，图示清晰明确，图文并茂，实用性强。可作为院校教学的专业教材，也适用于广大服装从业人员和爱好者自学。

　　感谢林宇峰、林子言对本书再版工作的协助。本书在修订过程中，参考了许多相关著作、论文及网络资料与图片，在此一并表示感谢。

　　由于编者水平有限，教材中难免有疏漏和不妥之处，敬请批评指正。

编著者

2019 年 5 月

目录

第一章　概述

第一节　服装工业样板的概念

一、服装工业样板的概念

（一）服装工业样板

服装工业样板是企业从事服装生产所使用的一种模板。它是将服装的立体形态按照一定的结构形式分解成的平面型板。服装工业样板在排料、划样、裁剪、缝制过程中起着模板、模具的作用，能够高效而准确地进行服装的工业化生产，同时也是检验产品形状、规格、质量的依据。服装工业化大生产的显著特点是批量大，且分工细致、明确。这就要求贯穿于服装工业生产全过程的样板必须达到全面、系统、准确、标准。

（二）服装工业制板

服装设计是包括造型设计、结构设计、工艺设计的系统工程。造型设计是设计师对于某种服装的立体形态的创意或策划，结构设计是将设计师所创造的立体形态按照一定的结构形式分解成平面的图形，工艺设计是将平面衣片按照一定的生产工艺加工成立体的服装。在这一系统工程当中，由分解立体形态产生平面制图到加放缝份产生样板的过程，即是服装工业制板。服装工业制板是一项认真细致的技术工作，它能够体现企业的生产水平和产品档次。

（三）服装工业推板

服装成衣生产的首要条件是同一款式的服装能够满足不同消费者的要求。由于不同消费者的年龄、体型特征、穿衣习惯不同，所以同一款式的服装需要制作系列规格或不同的号型。工业推板就是指以中间规格标准样板为基础，兼顾各个规格或号型系列之间的关系，通过科学的计算，正确合理地分配尺寸，绘制出各规格或号型系列的裁剪用样板的方法，也称推档或放码。

（四）服装工业样板的名词术语

■1. **档差**　在服装推板中，同一部位相邻两号型之间的规格差称为档差，如 160 / 84A 号型的胸围为 98cm，165 / 88A 号型的胸围为 102cm，其胸围档差则为 102cm–98cm=4cm，衣长、肩宽、袖长、领围等部位的档差与胸围档差的计算方法相同。档差是推板过程中计算相邻两档之间放缩量的依据，档差量的大小是根据服装造型特点、人体覆盖率及分档数量的多少确定的，一般来说，分档数量越多档差越小，反之则越大。

■2. **坐标**　服装推板的目的是使衣片的面积产生增大或缩小的变化，因此，需要在二维坐标系中完成，坐标中的 y 轴一般指向服装的纵向长度，坐标中的 x 轴一般指向服装的横向围度，坐标原点位置的设定关系到推板的方向，可以根据服装的结构特点灵活掌握。

■ 3. **控制点** 服装的衣片是由许多不同形态的线条构成的，每两条线都有一个交点，移动一个交点能够同时带动两条线的变化，所以，在推板中将这些交点称为控制点。服装推板中有主要控制点和辅助控制点两种，其中主要控制点是指决定服装总体规格变化的点，在推板中能够通过计算公式确定放缩量，如肩端点、前颈点、侧颈点、胸围大点等，辅助控制点是决定局部规格变化的点，在推板中没有相应的计算公式，需要根据其与相关部位的比例来计算放缩量，如前后袖窿切点、分割线控制点、部件控制点等。控制点的多少是根据服装造型特点确定的，一般来说，宽松型服装的控制点少，合体型服装的控制点多。

■ 4. **单向放码点** 单向放码点是指在推板过程中向一个方向移动的控制点，其前提是该控制点位于坐标系的一条轴线上，或者是控制点距离坐标系的一条轴线较近，它的移动量可以忽略不计。另外，有些部件在推板中规格变化不大或者不产生变化时均采用单向放码点。

■ 5. **双向放码点** 双向放码点是指在推板过程中向两个方向移动的控制点，是服装推板中使用最多的放码点。这种控制点一般是远离坐标轴，推板中分别通过 y 轴和 x 轴两个数值变化共同确定其位置。

■ 6. **固定点** 在服装推板中不发生移动的点称为固定点，一般是正好处在坐标原点位置的控制点，有时在一些部件推板中也可能出现。

■ 7. **分坐标** 在确定双向放码点的移动位置时要建立分坐标，即以控制点作为分坐标的原点，按照与主坐标平行的原则分别测量 y 轴和 x 轴的数值，从而确定该控制点的纵向和横向移动量。

二、服装工业样板的作用

（一）造型严谨变化灵活

服装工业样板是建立在科学的计算和严谨的制图方法之上的，在样板的制作过程中始终以服装的立体造型为目标，经过反复比较、修正，最后确定标准的工业样板。以工业样板为模板裁剪出的衣片误差小、保形性高，由此制成的服装造型严谨。

现代服装生产向着小批量、多品种、个性化的方向发展，利用服装工业样板能够对服装的结构及外观进行灵活多样的变化，并且变化过程中会免除一些烦琐的计算，通过对样板的剪接产生新的结构形式或外观造型。

（二）提高生产效率

服装的生产效率直接影响企业的生产成本及经济效益，服装工业样板作为工业生产的模板，应用于裁剪、缝制、后整理各个工序中，对于提高生产效率发挥着巨大的作用。可以说没有服装工业样板，就没有今天的服装工业化大生产。服装工业样板已经成为衡量企业技术资产的一项主要依据。因此，作为服装设计师，若想使自己的设计作品适应市场及生产的需要，熟练掌握服装工业样板的制作技术是非常必要的。

（三）提高面料利用率

利用服装工业样板进行排料，能够最大限度地节约用料，降低生产成本，提高生产效益。在排料过程中，将不同款式或不同规格号型的样板套排在一起，使衣片能够最大限度地穿插排列，从而达到提高面料利用率的目的。

（四）提高产品质量

在现代服装工业化生产中，服装样板几乎贯穿于每一个环节，从排料、裁剪、修正、缝制、定形、对位到后整理，始终起着规范和限定作用。因此，从工业流水线上生产出的服装，标准统一、质量有保证。

第二节　服装工业样板的种类和设计依据

一、服装工业样板的种类

服装工业样板不仅要求号型齐全而且要结合面料特性、裁剪、缝制、整烫等工艺要求，制作出适应生产每一环节的样板。工业样板按其用途不同可分为裁剪样板和工艺样板两大类。

（一）裁剪样板

裁剪样板主要指用于批量裁剪中排料、划样等工序的样板。裁剪样板又分为面料样板、里料样板、衬料样板及部件样板。

■ 1. **面料样板**　用于面料裁剪的样板。一般是加放了缝份和折边量的毛样板。为了便于排料，最好在样板的正反两面都做好完整的标识，如纱向、号型、名称、数量等。要求结构准确，纸样标示清晰明确。

■ 2. **里料样板**　用于里料裁剪的样板。里料样板是根据面料特点及生产工艺要求制作的，一般比面料样板的缝份大 0.5 ~ 1.5cm，留出缝制过程中的清剪量，在有折边的部位，里子的长度要比面料样板少一个折边量。

■ 3. **衬料样板**　衬布有无纺和有纺、缝合和黏合之分。不同的衬料、不同的使用部位，有着不同的作用与效果，服装生产中经常结合工艺要求有选择地使用衬料。衬料样板的形状及属性是由生产工艺所决定的，有时使用毛板，有时使用净板。

■ 4. **部件样板**　用于服装中除衣片、袖片、领子之外的小部件的裁剪样板。如袋布、袋盖、袖头等，一般为毛样板。

（二）工艺样板

工艺样板主要指用于缝制过程中对衣片或半成品进行修正、定位、定形等的样板。按不同用途又可分为：

■ 1. **修正样板**　用于裁片修正的模板，是为了避免裁剪过程中衣片变形而采用的一种补正措施。主要用于对条对格的中高档产品，有时也用于某些局部修正，如领圈、袖窿等。还有些面料质地疏松容易变形，因此在划样裁剪中需要在衣片四周加大缝份的余量，在缝制前再用修正样板覆在衣片上作修正。如果某些局部需要修正，则应加大缝份量，再用局部修正样板修正。修正样板可以是毛样板也可以是净样板，一般情况下以毛样板居多。

■ 2. **定形（扣烫）样板**　为了保证某些关键部件外形规范、规格符合标准，在缝制过程中需要使用定形样板，如衣领、口袋、袋盖等零部件，定形样板以净板居多。定形样板按不同的需要又可分为划线定形板、缉线定形板和扣边定形板。

（1）划线定形板：按定形板勾划净线，可作为缉线的线路，保证部件的形状规范统一。如衣领在缉领外围线前先用定形板勾划净线，就能使衣领的造型与样板基本保持一致。划线定形板一般采用黄版纸或卡纸制作。

（2）缉线定形板：按定形板缉线，既省略了划线，又使缉线与样板的符合率大大提高，如下摆的圆角部位、袋盖部件等。但要注意，缉线定形板应采用砂布等材料制作，目的是为了增加样板与面料间的摩擦力，以免在缝制中移动。

（3）扣边定形板：多用于单缉明线不缉暗线的零部件，如贴袋、弧形育克等。将扣边定形板放在衣片的反面，周边留出缝份，然后用熨斗将缝份折向净边扣倒并烫平，保证了产品的规格一致。扣边定形板多采用坚韧耐用且不易变形的薄铁片或薄铜片制成。

■ 3. **对位样板**　为了保证某些重要位置的对称性和一致性，在批量生产中常采用对位样板。主要用于不允许钻眼定位的衣料或某些高档产品。定位样板一般取自于裁剪样板上的某一个局部。对于衣片或半成品的定位往往采用毛样样板，如袋位的定位等。对于成品中的定位则往往采用净样样板，如扣眼位等。定位样板一般采用白卡纸或黄版纸制作。

二、服装工业样板的设计依据

（一）结构设计的依据

■ 1. **服装设计图**　在依据服装设计图进行结构设计时，一般应注意以下几个方面：

（1）服装设计图是设计师创作服装整体造型的概括性表现。有时为了突出设计师的个性，往往采用夸张的表现手法。因此在制作样板之前，要认真体会设计意图，分析结构特征，在充分理解其造型特征、款式风格以及装饰和配色特点的基础上，选择最科学的结构造型方式。

（2）充分理解设计图中线条的造型及用途，将立体形态中的造型线如：直线、曲线、外形轮廓线等，转化成平面形态中的结构线如：省、缝、褶裥、装饰线迹等。有些分割线条的设计既有装饰作用，又有造型功能，如经过胸部的分割线，既增加了服装的美感，又使胸省和腰省融进分割线中。在样板设计中，不仅要考虑线条在平面中的形状，还要考虑服装成形后立体的视觉效果。

（3）充分理解服装各部件间的组合关系和相互间的比例关系，按照部件与整体之间的比例关系来判定具体尺寸。服装中主要部位的长短、宽窄、大小、位置，是以相应部位的人体比例为标准计算的，但是也有些部件没有相关的计算公式，这类部件的造型可以通过反复调整长与宽的比例，来实现与设计图相同的视觉效果，如贴袋、育克等。还有些部件可以按与其他部位的比例关系来判定其规格，如袋口大小、袋盖宽度、口袋高度、分割线的位置等。

■ 2. **客供样衣**　在某些服装订单中，需要对客户提供的样品实物进行原样复制，任何一处的不相符均有可能引起客户的不满而导致产品退货。要使生产的产品最大限度地接近客供样品，在样板设计之前首先要对客供样衣进行由整体到局部的观察和测量，通过对样衣的全面分析，了解其结构特点、工艺要求、面料的塑性特点、分割线的形状及其布局、部件配比与组合情况等，在获得一定的感性认识及相应数据的基础上，再进行样板制作。

（二）规格设计的依据

在服装工业样板设计环节中，服装规格的建立是非常重要的。它不仅是制作基础样板不可缺少的数据，而且是产生不同规格或号型系列样板的依据。服装规格设计是一项科学而细致的工作，要在综合考虑产品特点、号型标准、工艺标准、市场定位等多种因素的基础上决定科学而合理的规格系列。

■ **1. 国家服装号型标准** 服装工业化生产要求有一套比较科学和规范的工业成衣号型标准，以供成衣设计者使用和消费者参考。服装号型标准，是国家对各类服装进行规格设计所作的统一技术规定。"号"是指人体的身高，以厘米（cm）为单位表示，是设计和选购服装长短的依据。"型"是指人体的胸围或腰围，以厘米（cm）为单位表示，是设计或选购服装肥瘦的依据。

国家服装号型标准中根据人体胸围与腰围之间的差数大小，将人体划分为 Y、A、B、C 四种体型。有关体型分类的代号及其胸腰差范围见表 1-1 和表 1-2。

表 1-1　男子体型分类代号及范围 单位：cm

体型分类代号	Y	A	B	C
胸围与腰围之差数	22 ~ 17	16 ~ 12	11 ~ 7	6 ~ 2

表 1-2　女子体型分类代号及范围 单位：cm

体型分类代号	Y	A	B	C
胸围与腰围之差数	24 ~ 19	18 ~ 14	13 ~ 9	8 ~ 4

服装号型的国家标准分别按男子、女子和儿童设置了号型系列，规定身高以 5cm 分档，腰围以 4cm、2cm 分档。成年人上装为 5·4 系列。其中前一个数字"5"表示"号"的分档数值。成年男子从 155 号开始至 190 号结束，共分为 8 个号。成年女子从 145 号开始至 180 号结束，也分为 8 个号。后一位数字"4"表示"型"的分档数值。成年男子从 76cm 开始，成年女子从 72cm 开始，每隔 4cm 分为一档。

下装类分为 5·4 系列和 5·2 系列两种。女子从 50cm 开始，男子从 56cm 开始，每隔 4cm 或 2cm 分为一档。

服装产品进入销售市场，必须标明服装号型及人体分类代号。服装号型的标注形式为"号／型、体型分类代号"。例如，男上衣号型 170／88A，表示本服装适合于身高在 168 ~ 172cm，净胸围在 86 ~ 89cm，胸围与腰围的差数在 16 ~ 12cm 的体型的人穿着。又如，女裤号型 160／68A，表示该号型的裤子适合于总体高为 158 ~ 162cm，净腰围在 67 ~ 69cm，胸围与腰围的差数在 18 ~ 14cm 体型的人穿着。

服装号型中编制了各系列的控制部位数值表，控制部位共有 10 个，即身高、颈椎点高、坐姿颈椎点高、全臂长、腰围高、胸围、颈围、总肩宽、腰围、臀围，它们的数值都是以"号"和"型"为基础确定的。首先以中间体的规格确定中心号的数值，然后按照各自不同的规格系列，通过推档而形成全部的规格系列。中心号型是整个服装号型表的依据。所谓"中间体"又叫作"标准体"，是在人体测量调查中筛选出来的，具有代表性的人体数据。

成年男子中间体标准为：总体高 170cm、胸围 88cm、腰围 76cm，体型特征为"A"型。号型表示方法为：上衣 170 / 88A、下装 170 / 76A。

成年女子中间体标准为：总体高 160cm、胸围 84cm、腰围 68cm，体型特征为"A"型。号型表示方法为：上衣 160 / 84A、下装 160 / 68A。

中心号在各号型系列中的数值基本相同，所以在制图时，最好选择中心号的规格。这样做的目的，是为了在制作系列样板时便于推档。

服装号型标准中所规定的是人体主要控制部位的净体规格，并没有限定服装的产品规格。这是因为服装的风格、款式、造型特点不同，即使是相同的号型也会出现不同的服装规格。所以，在实际应用中，应当以国家服装号型标准为依据，结合具体的穿着要求和款式造型特点，确定相应的服装规格，不能机械地套用标准。

■ **2. 客户提供的号型标准** 因不同国家或地域人的体型特征不同，有时完全依靠本国的号型标准不能满足用户的需要，特别是在接一些外贸订单时，客户一般会提供相应的号型规格标准。所以，从事外贸订单加工业务或自营产品出口的企业，必须按照客户提供的号型标准或相关国家的号型标准来确定服装的规格。

■ **3. 体现款式造型特征** 服装款式造型是指对人体着装后的轮廓和外在形态的总体设计。不同的服装款式其造型及结构也不同，有的服装是上松下紧的"V"型，有的是上紧下松的"A"型，也有的是模拟人体的"X"型造型。在长度方面要参照设计图中上下身的比例关系及号型标准中有关人体数据进行设定。在围度方面要根据不同的造型要求加放相应的放松量。

■ **4. 体现面料的塑型性特点** 服装面料是服装设计中三大要素之一，服装规格设计必须体现面料的塑型性特点。例如，对于有弹性的面料，应根据其弹性的大小适当减少松量。即使是同种面料，因纱向不同其塑型性特点也不尽相同，如经向特点是结实、挺直，不易伸长变形；纬向纱质柔软；斜纱向伸缩性大，具有良好的可塑性，成形自然、丰满。在规格设计时必须综合考虑以上因素。

另外，还必须充分考虑面料的缩率，即缩水率和热缩率。要根据缩率的大小计算出各部位的加放量。缩水率的测定方法一般是取定长面料（包括里料、衬布等）经过缩水试验，分别测定经向和纬向的缩水百分率，用"规格 × 缩率＝加放量"的计算公式分别求出主要控制部位的加放量。例如，某种面料经向缩水率为 3%，则对衣长 72cm 的衣片应加长 $72 \times 3\% = 2.16cm$。

热缩率是材料遇热后的收缩百分率。有些材料，尤其是化纤织物，经过热黏合、熨烫等处理后会产生收缩，因此应加放相应的收缩量。

参考习题

1. 什么是服装工业样板？它在服装工业化生产中起何作用？
2. 什么是服装工业制板？它在服装工业化生产中起何作用？
3. 什么是服装工业推板？它在服装工业化生产中起何作用？
4. 服装工业样板有哪些具体种类？各自的用途是什么？
5. 制作工业样板的依据有哪些？
6. 如何根据面料的缩率来计算衣片的加放量？

第二章 服装工业制板

第一节 服装工业制板过程

一、服装工业制板过程

（一）分析客户订单

客户订单在某种程度上反映产品的市场定位，对服装的规格设计及样板制作有直接的影响。服装规格的制定需要综合考虑人体基本尺寸与款式造型特点及年龄、职业等多种因素。随着成衣工业化的飞速发展，服装产品在国际范围内的流通日趋扩大。由于不同的国家、不同的地域、不同的民族、不同的年龄与性别，其体型特征差异较大，所以在进行服装制板之前，必须认真分析订单所针对的人群状况、体型特征、穿衣习惯、号型的覆盖率等因素，根据订单销售地区的人体体型特点及人群着装习惯来设计产品规格，为工业制板的制作提供科学的数据。

（二）分析设计图或样衣

在进行服装工业样板制作之前要全面审视设计图或样衣，认真研究服装的整体风格和工艺特点，充分理解设计图中所传达的造型、装饰、配色特点，各种线条的装饰、造型作用，了解服装各部件间的组合关系。如果客户提供样衣，要对样衣每一个局部的形态、规格以及各部位之间的相对位置进行认真测量，了解样衣分割线的位置、小部件的组成、里料和衬料的分布等。在完成上述一系列技术工作之后，还需将合理的逻辑分析与创造性的形象思维有机地结合起来，综合考虑多方面的因素，这样才能使制作出的服装样板具有准确性、合理性和实用性。

（三）确定中间号型规格

为了在推板过程中最大限度地减少误差量，服装的基础样板要选择中间规格制作，这是因为由中间规格向两边推板，要比从一端向另一端推板所经过的距离短的缘故。国家号型标准规定我国成年男子中间体标准为：总体高170cm、胸围88cm、腰围76cm，体型特征为"A"型，即上衣170／88A、下装170／76A。成年女子中间体标准为：总体高160cm、胸围84cm、腰围68cm，体型特征为"A"型，即上衣160／84A、下装160／68A。根据国家服装号型标准中所规定的中间体的有关数据，结合服装的款式特点及产品定向，加放相应的松量后便可设计出中间号型规格。

对于从事外贸加工业务的企业，可以从客户提供的规格系列中筛选出有代表性的服装中间号型规格。

（四）绘制结构图

绘制结构图应根据中间号型规格，并结合款式特点确定相应的结构形式，运用公式计算确定出服装相关部位的控制点，用不同形状的线条连接这些控制点构成衣片。结构图的绘制要求数据准确，线条类型使用正确横、直、斜、弧线线条画得规范，弧线连接部位要圆顺，这样绘制出的结构制图才是高质量的，符合工艺要求的。绘制服装结构图是一项严谨的操作技艺，要学习和掌握好这门技艺，不但要理解制图原理，还要按照一定的制图规则进行实践。一般是将衣片的领口置于靠近身体一侧的右上方，将衣片的底边置于左下方。先划长度线后划围度线，最后再划弧线。用于工业样板制作的结构图要根据面料的缩率计算出各部位的加放量，确保服装的成品规格符合质量标准。

（五）产生基础样板

依照结构图的轮廓线，将所有的衣片及部件分别压印在较厚的样板纸上，在净样线的周边加放缝份或折边，绘制出毛样板。由结构制图中分离出的第一套样板称为基础样板，基础样板是制作样衣的模板。

（六）制作样衣

为了检验基础样板的准确性，需要根据基础样板进行排料、裁剪并严格按照工艺要求制作出样衣。这一过程除了作为基础样板的检验手段之外，还将计算出面料、里料、辅料的单件用量，计算出加工过程中每一道工序的耗时量，为生产及技术管理提供有效数据。

（七）修正基础样板

根据基础样板制出样衣后，需对样衣进行试穿补正。在进行全面的审视后，找出与设计要求或订单不相符合之处，或者与人体结构及运动特征不相适应的地方作及时的修正，对于各部件间的配合方式和配合关系不够严谨的部分，以及结构形式与面料性能不适应的部分进行适当的调整。经过修正与调整后的基础样板称为标准样板，标准样板是推板的母板。

二、服装结构制图

（一）结构制图的方法

■ 1. 立体取样　立体取样是采用立体裁剪的方法在模特上直接造型，操作者根据设计意图，按照一定的操作步骤，将白坯布用大头针别在人体模型上面，使款式具体化。在立体裁剪的过程中，要始终考虑款式的造型特征、面料的物理性能等因素。将立体裁剪所形成的结构线用记号笔做好标记，然后将每一布片展开熨平，在纸上沿布边绘制出各片制图。立体裁剪所使用的白坯布有厚、薄、组织疏密之分，在操作时应尽量选用与实际面料性能相近似的白坯布，如果实际面料的厚度与白坯布相差较大，要将面料的厚度以及与厚薄有关的部位的松量追加到制图中去。

■ 2. 原型制图　原型制图是以人体主要控制部位的基本数据为依据，按照一定的比例计算出相关部位的数据并绘制出原型，然后根据服装的造型特点及工艺要求，对原型进行加放、分割、移位、变形、展开、省褶变化等纸样变化，使之成为体现服装造型特征的结构制图。

■ 3. 比例制图　比例制图是根据人体结构特征及运动规律，结合测量与试验，经过数学论证产生一系列的计算公式，运用这些计算公式求出服装制图中所需要的控制点，最后用各种形状的线条连接控制点构成服装制图。比例制图中以服装的成品规格为计算基数，将各部位间的相互关系纳入计算公式，应用方便，变化灵活。

（二）结构制图的步骤

服装制图是服装工业样板制作中的重要环节，只有按照严格的制图规程来操作，才能保证制图的准确性。

■**1. 先画主部件，后画零部件**

（1）主部件：上衣类主部件是指前衣片、后衣片、大袖片、小袖片。下装类主部件是指前裤片、后裤片、前裙片、后裙片。

（2）零部件：上衣类零部件是指领子（领面、领里）、口袋（袋盖面、袋盖里、嵌线条、垫袋布、口袋布）、装饰部件等。下装类零部件是指腰头面、腰头里、腰襻、垫袋布、口袋布、门襟等。

■**2. 先画面料板制图，后画里料板和衬料板制图**　先将面料板的制图绘制好，然后结合工艺要求画出里料板和衬料板。在绘制里料板和衬料板时，要注意留足缝份。

■**3. 先画净样，后画毛样**　在服装制图中净样表示服装成型后的实际规格，不包括缝份和折边在内。毛样是表示服装成型前的衣片规格，包括缝份和折边在内。先画出衣片的净样，然后按照缝制工艺的具体要求加放所需要的缝份及折边，最后在图样上面注明标记，如经纬纱线的方向、毛向、条格方向等。

■**4. 先画基础线，后画结构线**　基础线是制图的辅助线，制图时先画基础线确定整体框架，再确定各个局部的尺寸及形状绘制出结构线。基础辅助线用较轻、较细的线条，轮廓线则用较重、较浓的粗线条。

■**5. 先画纵向线，后画横向线**　在制图中一般先定长度后定围度，即先确定衣长线、袖长线、裤长线、直开领线和袖窿深等，再确定胸围、肩宽、横开领、腰围、臀围等。

第二节　服装制板方法

一、制板方法简介

（一）剪开法

剪开法是将净缝制图中的每一片样板沿轮廓线剪下，然后复制在另外一张样板纸上 [图2-1（a）]，在净线周边加放缝份或折边后剪切成样板，如图 2-1（b）所示。

此种方法操作简单，但对制图中有交叉重叠的部位不易处理，所以一般只用于简单款式的样板制作。

（二）压印法

压印法是在图样的下面垫一张样板纸，用重物压住，在操作过程中应避免图纸移动，用滚轮分别将各个衣片压印在底层的样板纸上，如图 2-2（a）所示；在衣片轮廓线的周边加放

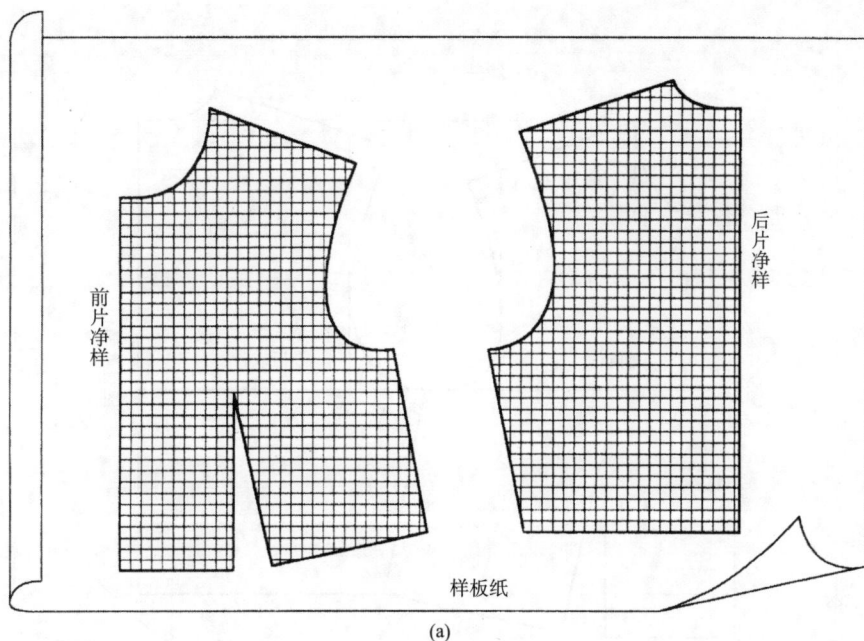

(a)

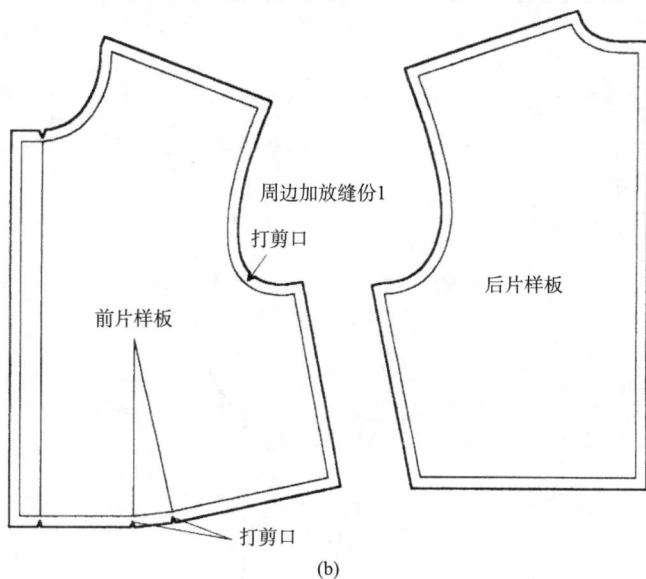

前片样板 周边加放缝份1 打剪口 后片样板

打剪口

(b)

图 2-1 剪开法

缝份或折边量，最后剪切成样板，如图 2-2（b）所示。压印法能够将各种结构制图分解成样板，并且在分解过程中不会破坏结构制图，因此利用压印法可以在同一结构图上完成多种款式变化，能够提高制板的工作效率。

（三）计算机制板

计算机制板指利用服装 CAD 软件系统界面上提供的各种制图工具，采用比例制图或原型制图法，绘制出所需款式的服装制图，并利用输出设备打印或剪切出样板。从事计算机制板

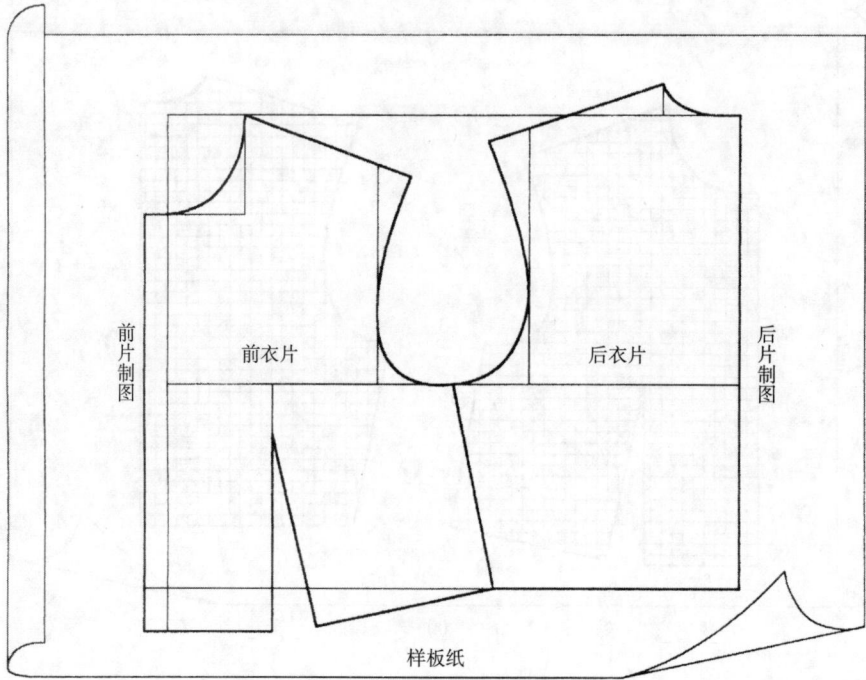

(a)

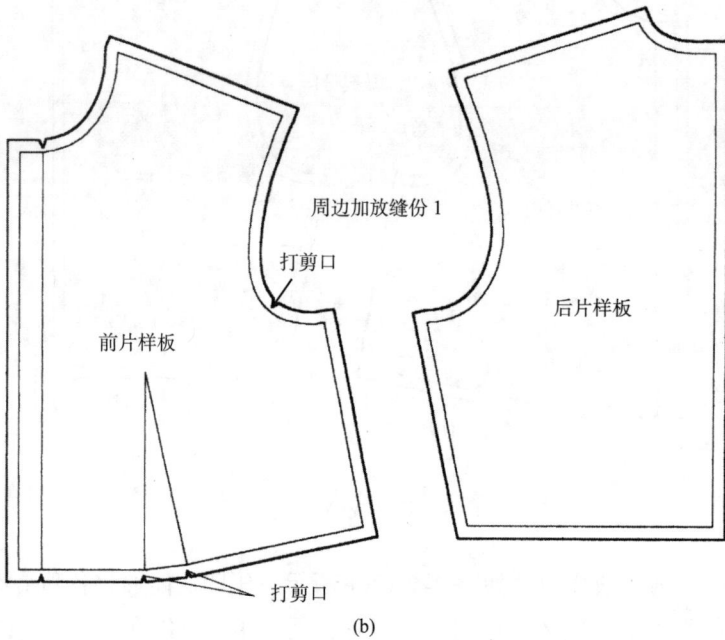

(b)

图 2-2　压印法

的操作人员必须熟练掌握手工制板技术，因为服装 CAD 系统中所提供的仅仅是一些制图工具和计算，不可能代替人的思维，制板水平的高低最终还是取决于操作者的综合素质。

二、加放缝份与折边

缝份又称为"缝头"或"做缝"，是指缝合衣片所需的必要宽度。折边是指服装边缘部位如门襟、底边、袖口、裤口等处的翻折量。由于结构制图中的线条大多是净缝，所以在将结构制图分解成样板之后必须加放一定的缝份或折边才能满足工艺要求。

（一）根据缝型加放缝份

缝型是指一定数量的衣片和线迹在缝制过程中的配置形式。缝型不同对于缝份的要求也不相同。缝份的大小一般为1cm，但特殊的部位需要根据实际的工艺要求确定加放量，在服装工业制板中缝份的加放量参考数据见表2-1。

表2-1　常见缝型缝份加放量　　　　　　　　　单位：cm

缝　型	说　明	参考放量
分　缝	也称劈缝，即将两边缝份分开烫平	1
倒　缝	也称坐倒缝，即将两边缝份向一边扣倒	1
明线倒缝	在倒缝上缉单明线或双明线	缝份大于明线宽度 0.2 ~ 0.5
包　缝	也称裹缝，分"暗包明缉"或"明包暗缉"	后片 0.7 ~ 0.85　前片 1.5 ~ 1.85
弯绱缝	相缝合的一边或两边为弧线	0.6 ~ 0.8
搭　缝	一边搭在另一边的缝合	0.8 ~ 1

（二）根据面料加放缝份

样板的缝份大小与面料的质地性能有关。面料的质地有厚有薄，有松有紧，质地疏松的面料在裁剪和缝纫时容易脱散，因此在加放缝份时应略多放些，质地紧密的面料则按常规处理。

（三）根据工艺要求加放缝份

样板缝份的加放要根据不同的工艺要求灵活掌握。有些特殊部位即使是同一条缝边其缝份也不相同。例如，后裤片后缝部位在腰口处放 2 ~ 2.5cm，臀围处放 1cm。在衬衫的袖窿弧形处放 0.8 ~ 0.9cm 的缝份。需装拉链的部位应比一般缝头稍宽，以便于缝制。上衣的后中缝、裙子的后中缝应比一般缝份稍宽，一般为 1.5 ~ 2cm，以利于该部位的平服。

（四）规则形折边的处理

规则形折边一般与衣片连接在一起，可以在净线的基础上直接向外加放相应的折边量。由于服装的款式和工艺要求不同，折边量的大小也不相同。凡是直线或者是接近于直线的折边，加放量可适当大一些，凡是弧线形折边其弧度越大折边的宽度越要适量减少，以免扣倒折边后出现不平服现象。有关折边加放量见表2-2。

表2-2　常见折边参考加放量

单位：cm

部位	各类服装折边参考加放量
底摆	男女上衣：毛呢类4，一般上衣3～3.5，衬衣2～2.5，一般大衣5，内挂毛皮衣6～7
袖口	一般同底摆
裤口	一般4，高档产品5，短裤3
裙摆	一般3，高档产品稍加宽，弧度较大的裙摆折边取2
口袋	暗挖袋已在制图中确定。明贴袋大衣无盖式3.5，有盖式1.5，小袋无盖式2.5，有盖式1.5，借缝袋1.5～2
开衩	又称"开气"，一般取1.7～2
开口	装有纽扣、拉链的开口，一般取1.5

（五）不规则折边的处理

不规则折边是指折边的形状变化幅度比较大，不能直接在衣片上加放折边，在这种情况下可以采用镶折边的工艺方法，即按照衣片的净线形状绘制折边，再与衣片缝合在一起。这种折边的宽度以能够容纳弧线（或折线）的最大起伏量为原则，一般取3～5cm。

三、夹角的处理

（一）直角的处理方法

服装中每一条缝边都关系到两个相缝合的衣片，在通常情况下相缝合的两个缝边的长度应相等，在净缝制图中等长边的处理比较容易做到，但是加放缝份后会因缝边两端的夹角不同而产生长度差。为了确保相缝合的两条毛边长度相等，要分别将两条对应边的夹角修改成直角。

如图2-3所示，为三开身男西装加放缝份后袖窿、袖山位置的修正示意图，图中A与B、C与D、E与F、G与H分别为对应角，要按照图中所示的方法修正成直角。

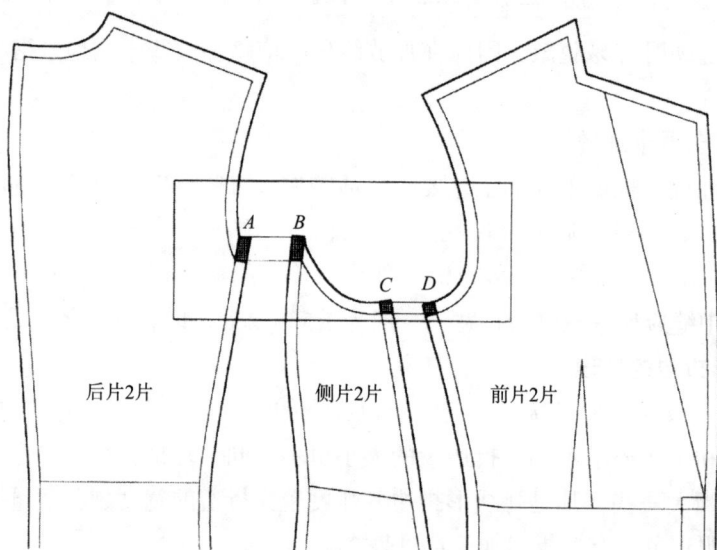

后片2片　　　　侧片2片　　　　前片2片

(a)-1

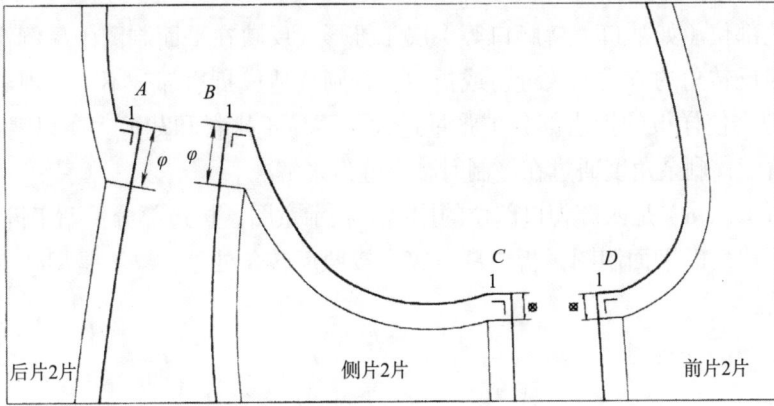

(a)-2

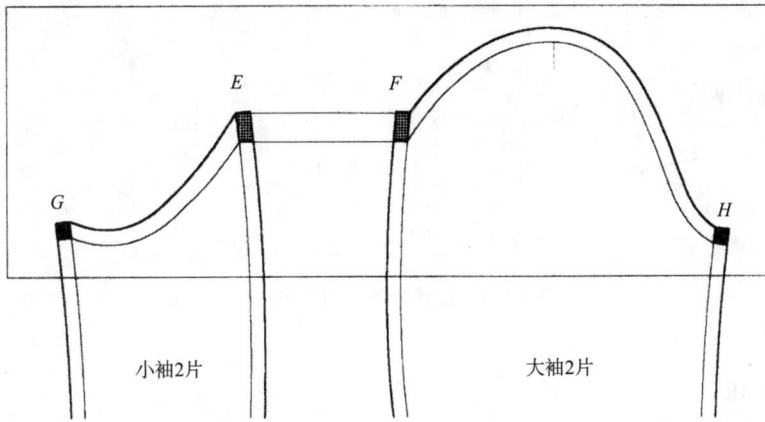

(b)-1

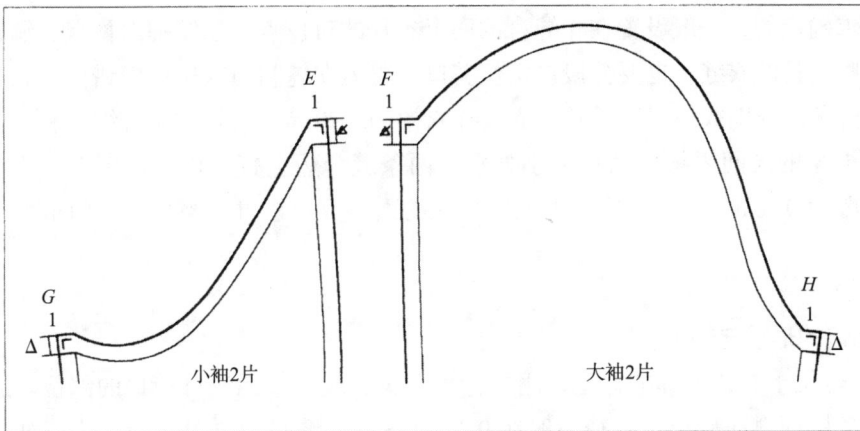

(b)-2

图 2–3 加放缝份后的修正示意图

（二）反转角的处理方法

服装中有些部位（如袖口、裤脚口等）属于锥形，反映在平面制图中呈倒梯形，在这种情况下必须按照反转角的方式加放缝份或折边，否则会造成折边部分不平服现象。但如完全按照反转角处理会使样板的折边部分扩张量过大，不易于排料和裁剪。所以遇到此种情况，可反转一部分角度，剩余角度通过在缝制时减小缝份来解决。

如图 2-4 所示，（a）是西裤脚口部位的成品形状示意图，折边部分平贴于裤管内侧；（b）是加放缝份和折边后的平面制图，折边部分完全按照反转角处理；（c）是用减少缝份量的方法来弥补反转量。

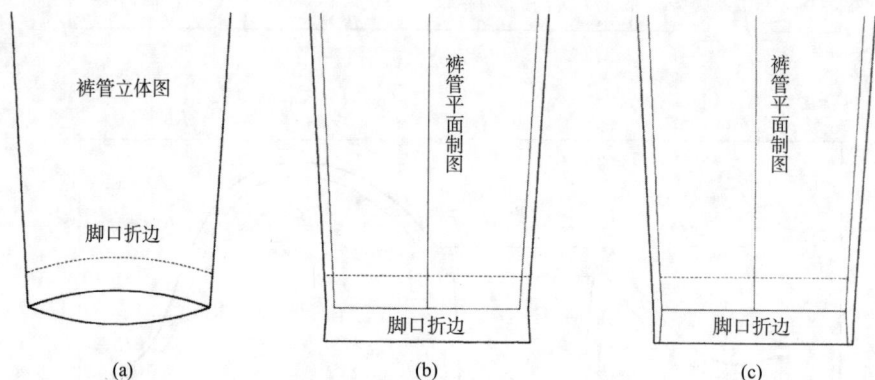

图 2-4　反转角的处理方法

四、剪口与标记

（一）剪口的形状与部位

剪口又称"刀口"，是在样板的边缘剪出一个三角形的缺口。其位置和数量是根据服装缝制工艺要求确定的，一般设置在相缝合的两个衣片的对位点，如缲袖对位点、缲领对位点等。对于一些较长的衣缝，也要分段设定位剪口，避免在缝制中因拉伸而错位。如上衣的腰节线位置、裤子的膝围线位置以及长大衣或连衣裙的缝边等。另外，对有缩缝和归拔处理的缝边，要在缩缝的区间内根据缩量大小分别在两条缝合边上打剪口。如图 2-5 所示，剪口的宽与深一般为 0.5cm，对于一些质地比较疏松的面料剪口量可适当加大，但最大不得超过 $\frac{2}{3}$ 缝份宽度。

（二）标记的形状与部位

"锥眼"是位于衣片内部的标记，用来标出省尖、袋位等无法打剪口的部位。通过锥眼机垂直钻透各层面料而确定，孔径一般在 0.2 ~ 0.3cm。锥眼的位置一般要比标准位置缩进 0.3cm 左右，以避免缝合后露出锥眼而影响产品质量。其位置与数量是根据服装的工艺要求确定，通常有以下几种：

确定收省部位及其省量。凡收省部位需要分别在省尖、省中部打锥眼，定出所收省的位置、起止长度及省量大小，如图 2-6（a）所示。

确定袋位及其大小。用打锥眼的方法确定口袋及袋盖的大小与位置，锥眼的位置比标准位置应缩进 0.3cm 左右，如图 2-6（b）所示。

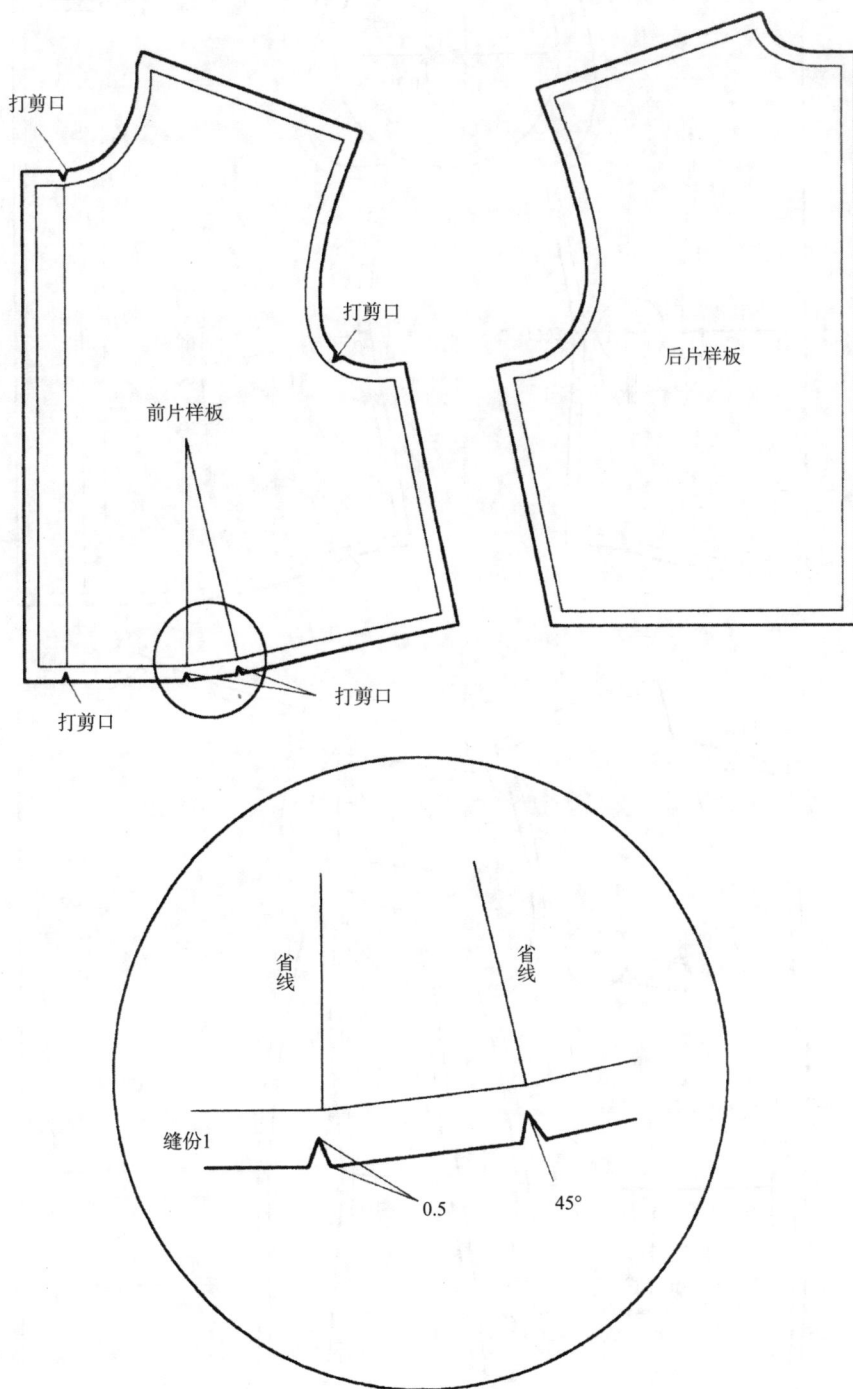

打剪口

前片样板

打剪口

打剪口

打剪口

后片样板

省线

省线

缝份1

0.5

45°

图 2-5　剪口示意图

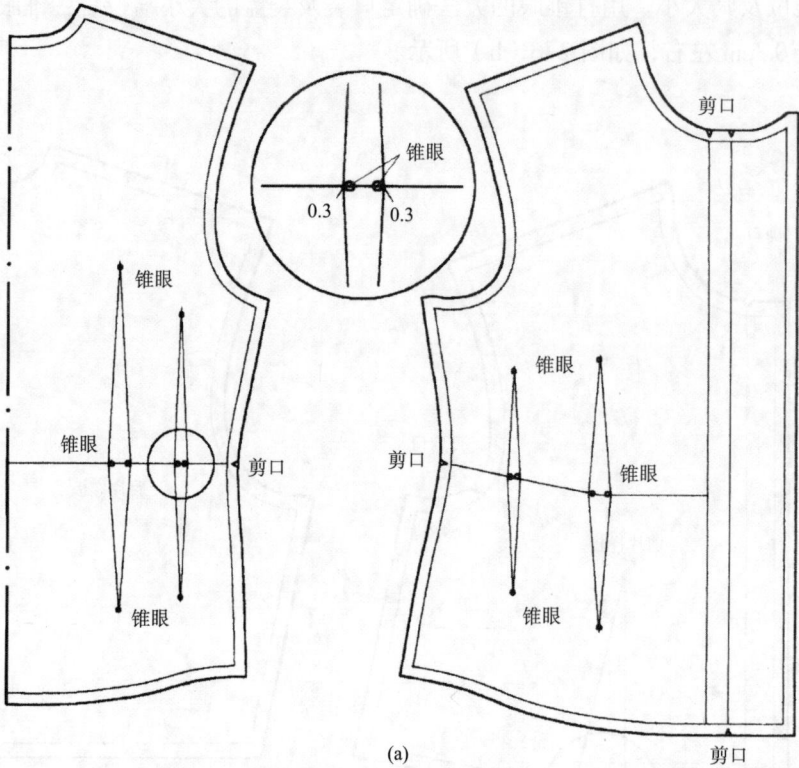

(a)

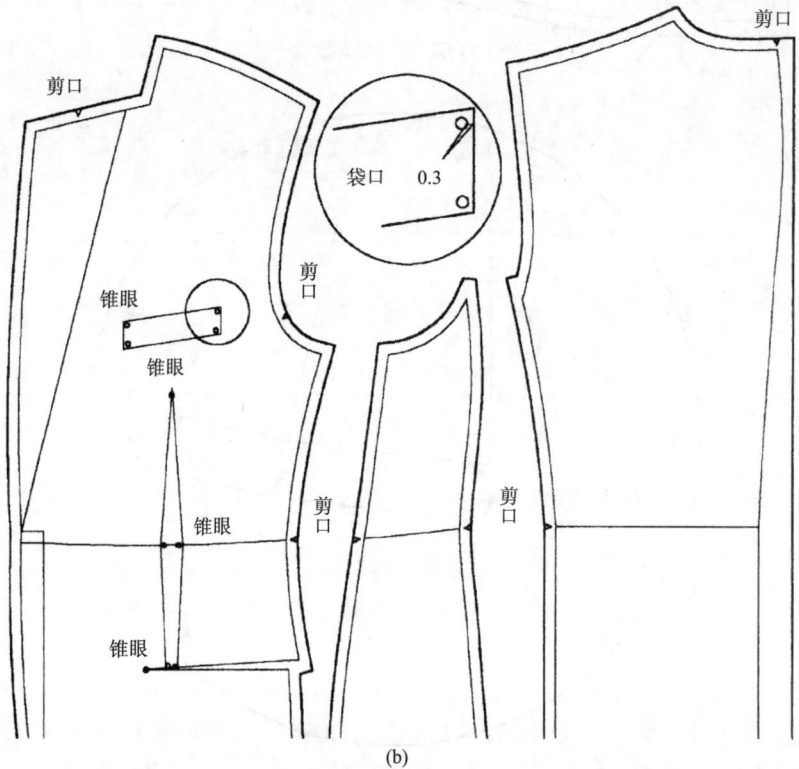

(b)

图 2-6　锥眼标记

五、文字标注

样板需作为技术资料长期保存。每套样板由许多的样片组成，再加上不同的号型规格，其片数就更多了，如不做好文字标注，就会在使用中造成混乱，甚至出现严重的生产事故。所以，样板上的文字标注是一项十分重要的工作，必须认真地完成。文字标注的内容主要有名称、货号、规格、数量和纱向标注等。

（一）名称标注

名称标注包括服装的通用名称（如男西装、女夹克衫、男衬衫等）、样片名称（如面料板、里料板、衬料板等）以及部件名称（如前衣片、后衣片、大袖片、小袖片、领子、口袋等）。名称的使用尽可能做到通用、规范，便于识别。

（二）货号标注

货号是服装生产企业根据生产品种及生产顺序编制的序列号，一般按照年度编制。随着服装向小品种、多样化、个性化趋势发展，企业每年生产的服装品种和款式会越来越多，为了便于生产管理必须制定详细的货号。货号的编制方法可以根据企业的具体情况灵活掌握，一般要具备这样几个方面：一是体现产品名称的缩写字母；二是产品投产的年度；三是产品生产的顺序编号。例如：NXF2019-0015，表示本产品为2019年度第15批投产的男西服。

（三）规格标注

为了增加服装的覆盖率，服装产品中每个款式都要设计许多规格。在国内销售的产品要求按照国标号型标准进行规格表示，如160／84A、160／68A；针织类服装和一些宽松型服装有的是用字母S、M、L、XL、XXL等表示服装的大小。对于国外订单加工的服装要按照客户的要求进行规格标注。

（四）数量标注

一套完整的服装工业样板由许多样片组成，每一样片又有一定的数量，为了在排料裁剪过程中不造成漏片，要在每一个样片上面做好数量标注，包括样板的总数量和每一样片的数量，这对于资料管理和生产管理都是必需的。

（五）纱向标注

根据服装的造型及外观标准选择一定的纱向，是服装排料中最基本的要求。服装的质量标准等级越高对于纱向的要求越严格。面料的纱向包括经纱向和纬纱向两种，不同的服装对于纱向的要求也不相同。一般机织面料的服装对经纱要求较高，纬纱相对次要一些。为了方便排料，应当在每一样片上面做好纱向标注，纱向的表示符号为两端带有箭头的直线。有些面料如条绒、长毛绒等需要按照毛向来设计样片，毛向的表示符号为一端带有箭头的直线，箭头方向表示毛的倒伏方向。对于有条格的面料要按照工艺要求在样板的选定位置分别做出对条或对格标记。

（六）其他标注

需要进行颜色搭配或面料搭配的款式，要将配色部分的样板单独标注清楚。凡是不对称的样片必须注明正反面，以免在排料中错位。

第三节　样板的检验与确认

样板的检验与确认是减少样板误差的一项重要工作。一套样板由产生到确认，必须经过各项指标的检验才能最后投入系列样板的制作。检验的内容一般分为以下几个方面：

（一）缝合边的检验与确认

在服装样板中几乎每一条边都有与之相对应的缝合边，缝合边通常有两种形式：一种是等长缝合边，如上衣或裤子的侧缝线等。等长边要求对应的缝合边长度相等，所以应分别测量及修正样板中对应的两条边线，保证其长度相等。不等长缝合边是因造型需要在特定位置设定的伸缩（归拔、缩缝）处理，通常称为"吃势"，如前后肩缝线、袖山与袖窿弧线等。伸缩量越大，两条缝合边的长度差就越大。这种差量要根据不同的部位、不同的塑型要求及不同的面料特点来确定。在测量不等长缝合边时，两条边之间的差值应恰好等于所设定的伸缩量。

（二）服装规格的检验与确认

样板各部位的尺寸必须与设计规格相等。规格检验的项目有长度、围度和宽度。长度包括衣长、袖长、裤长、裙长等。围度主要是胸围、腰围、臀围、领围。宽度有总肩宽、前胸宽、后背宽等。复核的方法是用尺子测量各衣片的长度与围度，再将主要控制部位的数据相加，看其是否与设计规格相符。

（三）衣片组合的检验与确认

样板结构线的形状不仅作用于立体造型，而且还对相关部件的配合关系产生影响。例如前后肩线的变化，影响着袖窿弧线的形状及袖窿与袖山的配合关系。复核时可将相关的两边线对齐，观察第三条线是否顺直、平滑，对出现"凸角"与"凹角"的部位及时进行修正，以免影响服装的外观质量。

（四）根据样衣检验与确认

按照基础样板制作出样衣后，要将样衣套在人体模型上进行全面的审视。一是看其整体造型是否与设计要求相符合，二是看各部位的配合关系是否合理，三是看服装的造型是否与人体相吻合。对达不到设计要求的部位，分析原因并对样板做出补正。

（五）客户检验与确认

对于国外订单加工或是国内生产批量较大的订单加工，需将技术部门修改后的样衣交给客户作最后检验，看是否符合客户的要求，并根据客户要求对基础样板及样衣做出相应的修改。通过客户检验过的样衣称为"确认样"。

通过以上各种程序的检验与修正后的样板成为标准样板。利用标准样板进行推板，最后完成整套系列样板的制作工作。

参考习题

1. 服装工业制板的流程有哪些?
2. 工业样板的文字标注有哪些内容?
3. 在加放相缝合的两条对应边时,如何处理夹角问题?
4. 如何处理较大的反转角的毛边加放?
5. 在样板的检验与确认中,对不等长的两条对应缝合边如何检验与确认?

第三章 服装工业推板

第一节 推板的方法

一、推板方法简介

目前国内服装行业所采用的推板方法主要有切开线放码和点放码两种。切开线放码是对衣片作纵向和横向分割，形成若干个单元衣片，然后按照预定的放缩量及推板方向移动各单元衣片，使整体衣片的外轮廓符合推板的规格要求。点放码是将衣片的各个控制点按照一定的比例在二维坐标系中移位，再用相应的线条连接各放码点从而获得所需规格的衣片。这两种推板方法虽然形式上有所不同，但原理是一致的，都是一种放大与缩小的相似形。

推板的具体操作有许多方法，归纳起来有以下四种：

一是以中间规格标准样板作为基础，根据数学的相似形原理，按照各规格和号型系列之间的差数，将所有规格的纸样缩放在同一张样板纸上，再用滚轮依此压印出各个规格衣片。这种方法操作简单，效率较高，是手工推板采用最多的方法。

二是以中间规格标准纸样为基础，一次只缩放一个相邻的规格型号，经校准正确后，再以该纸样为基础，缩放下一个相邻的型号，以此类推得到整套服装号型系列样板。这种方法用起来比较灵活，但是推板的效率比较低，所以一般仅用于号型较少的服装推板。

三是在样板纸上先画上中间号标准纸样，然后分别放、缩该规格系列中最大和最小号型的服装样板，再在最小和最大号型的缩放点之间连直线并确定相应的等分点，分别连接各等分点，形成不同型号的服装样板。这种方法的优点是便于控制特大或特小号型的样板形状，能够避免因推板中误差造成样板变形。

四是利用服装 CAD 软件进行推板。就是把手工推板过程中建立起的推板规则编成计算机程序，操作者输入一定的指令和数据后，计算机自动计算并推画出各个规格的样板。其操作过程是先用数字化仪导入中间号型标准纸样，或是由 CAD 软件中的打板模块制作出标准样板，再选用切开线推板或点放码推板方法并根据手工推板的原则输入数据，选择所要缩放的号型规格，计算机即可自动计算并绘制出各个规格的纸样。计算机推板准确、快速、直观，并可利用服装 CAD 系统提供的各种测量工具，随时检验样板的正确与否，在服装企业中应用广泛。

二、设计服装号型规格表

服装号型规格设计是服装生产企业重要的技术环节，关系到产品的市场适应性和人群覆盖率。成衣规格设计通常是以国家服装号型标准或客户提供的规格标准为依据，结合具体的款式特点及市场定向，设计出服装主要控制部位的成品系列尺寸，在进行服装规格设计的过程中应当注意以下几个方面：

（一）成衣规格设计的性质

成衣规格设计实际上是对一种商品应用范围的总体策划。因此，成衣规格设计和"量体裁衣"是完全不同的两种概念，量体裁衣所面对的是具体的人，可以作为一种个案来强化服装的个性，而成衣规格设计所面对的是某一地域、某一阶层或某一群体中的人，不能将个别的或部分人的体型和规格要求作为成衣规格设计的依据，必须考虑能够适应多数地区和多数人的体型和规格要求，成衣规格设计必须注重共性。国家服装统一号型标准为企业进行服装规格设计提供了依据。但是，国家服装号型标准中所规定的只是人体基本数据，而不代表服装的成品规格。所以，在具体运用中，必须依据具体产品的款式和风格造型等特定要求，灵活应用国家服装号型标准，即使是同一号型的不同产品，也会有不同的规格设计，不能机械地套用或照搬标准。

（二）成衣规格设计的方法

国家服装号型标准在广泛测量人体的基础上，确定了人体中 10 个主要部位的数值系列，其中作为服装长度参考依据的有：身高、颈椎点高、坐姿颈椎点高、全臂长、腰围高；作为围度参考的依据有：胸围、腰围、臀围、颈围；作为宽度参考的依据有：肩宽。运用这些数据结合具体款式的造型特点，按照下面的方法计算出服装主要控制部位的规格：

■ 1. **衣长** 一般上衣的长度可以在坐姿颈椎点高数值的基础上增加或减少一定的量来计算。例如：国家服装号型标准中女子 5·4 系列 160 / 84A 号型中坐姿颈椎点高为 62.5cm，根据设计图中上衣底边线的位置确定加放量为 8cm，则衣长为：62.5cm+8cm=70.5cm。

对于合体型的女式短款上衣，其长度可以按照腰节长来计算，腰节长度 = 颈椎点高 – 腰围高 + 省量。例如：女子 5·4 系列 160 / 84A 号型的腰节长为：（颈椎点高）136cm–（腰围高）98cm+（省量）3.5cm=41.5cm。根据设计图中上衣底边线的位置确定加放量为 10cm，则衣长 =41.5cm+10cm=51.5cm。加放量的确定，必须按照设计图中上下装之间的比例或上衣底边线与腰节线之间的距离来作出正确的判断。

对于连身结构服装的衣长，一般按照颈椎点高减去底边离开地面的距离来计算。例如：女子 5·4 系列 160 / 84A 号型中颈椎点高为 136cm，根据设计图中上衣底边线的位置确定调节量为 20cm，则衣长规格为 116cm。

■ 2. **胸围** 以国家服装号型标准中提供的胸围数值为基础，结合款式造型需要增加一定的放松量，确定服装的成品胸围规格。例如：女子 5·4 系列 160 / 84A 号型中人体净胸围为 84cm，加放 12cm 放松量，服装的胸围规格为 96cm。

■ 3. **肩宽** 以国家服装号型标准中提供的肩宽数值为基础，结合款式造型需要增加一定的调节量，确定服装的成品肩宽规格。例如：女子 5·4 系列 160 / 84A 号型中人体总肩宽为 39.4cm，加放 1.6cm 调节量，服装的肩宽规格为 41cm。

■ 4. **袖长** 以国家服装号型标准中提供的全臂长数值为基础，结合款式造型需要增加一定的调节量，确定服装的成品袖长规格。例如：女子 5·4 系列 160 / 84A 号型中人体全臂长为 50.5cm，加放 4.5cm 调节量，服装的袖长规格为 55cm。

■ 5. **领围** 以国家服装号型标准中提供的颈围数值为基础，结合款式造型需要增加一定的放松量，确定服装的成品领围规格。例如：女子 5·4 系列 160 / 84A 号型中人体颈围为 33.6cm，加放 6cm 放松量，服装的领围规格为 39.6cm。

■ 6. **腰节长** 用颈椎点高 − 腰围高 + 省量的计算公式求出腰节的成品规格。例如：女子 5·4 系列 160 / 68A 号型中颈椎点高为 136cm，腰围高为 98cm，省量设计为 3.5cm，服装的腰节长规格为：136cm−98cm+3.5cm=41.5cm。

■ 7. **裤长** 以国家服装号型标准中提供的腰围高数值为基础，结合款式造型需要增加 3 ~ 5cm 的调节量和腰头的宽度，确定成品裤长规格。例如：女子 5·4 系列 160/68A 号型中腰围高为 98cm，腰头宽度设计为 4cm，调节量取 3cm，裤长规格为 980m+4cm+3cm=105cm。

■ 8. **腰围** 以国家服装号型标准中提供的腰围数值为基础，结合款式造型需要增加一定的放松量，确定裤子的成品腰围规格。例如：女子 5·4 系列 160 / 68A 号型中净腰围数值为 68cm，放松量取 6cm，腰围成品规格为 74cm。

■ 9. **臀围** 以国家服装号型标准中提供的臀围数值为基础，结合款式造型需要增加一定的放松量，确定服装的成品臀围规格。例如：女子 5·4 系列 160 / 68A 号型中臀围数值为 90cm，放松量取 10cm，臀围的成品规格为 100cm。

除了以上所讲的服装规格计算方法之外，服装企业的技术人员还在长期的设计实践中，总结出了一套简便易行的计算方法。就是用"号"的比例数加上一定调节量来确定服装的长度，用"型"加上一定的放松量来确定服装的围度。下面对一般男女上装和下装规格设计的基本取值与计算方法作简要介绍，见表 3-1 ~ 表 3-3。

表 3-1　男上装规格设计表　　　　　　　　　　　　　　　　　单位：cm

规格 ＼ 品名	中山装	西装	春秋便装	衬衣	短大衣	长大衣
衣长	（2 / 5）号 +（4 ~ 6）	（2 / 5）号 +（6 ~ 8）	（2 / 5）号 +（2 ~ 6）	（2 / 5）号 +（2 ~ 4）	（2 / 5）号 +（12 ~ 16）	（2 / 5）号 +（14 ~ 16）
胸围（B）	型 +（20−22）	型 +（16 ~ 18）	型 +（18−20）	型 +（20 ~ 22）	型 4+(26 ~ 30)	型 +（28 ~ 32）
总肩宽	（3 / 10）B+（12 ~ 13）	（3 / 10）B+（13 ~ 14）	（3 / 10）B+（12 ~ 13）	（3 / 10）B+（12 ~ 13）	（3 / 10）B+（12 ~ 13）	（3 / 10）B+（12 ~ 13）
袖长	（3 / 10）号 +（9 ~ 11）	（3 / 10）号 +（7 ~ 9）	（3 / 10）号 +（8 ~ 10）	（3 / 10）号 +（7 ~ 9）	（3 / 10）号 +（11 ~ 13）	（3 / 10）号 +（12 ~ 14）
领大	（3 / 10）B+8	（3 / 10）B+10	（3 / 10）B+9	（3 / 10）B+6	（3 / 10）B+9	（3 / 10）B+9

表 3-2　女上装规格设计表　　　　　　　　　　　　　　　　　单位：cm

规格 ＼ 品名	西装	衬衣	中长旗袍	短袖连衣裙	短大衣	长大衣
衣长	（2 / 5）号 +2	（2 / 5）号	（2 / 5）号 +8	（2 / 5）号 +（0 ~ 8）	（2 / 5）号 +（6 ~ 8）	（2 / 5）号 +（8 ~ 16）

续表

品名 规格	西 装	衬 衣	中长旗袍	短袖连衣裙	短大衣	长大衣
胸围（B）	型+（14～16）	型+（12～14）	型+（12～14）	型+（12～14）	型+（18～24）	型+（20～26）
总肩宽	（3/10）B+ （11～12）	（3/10）B+ （10～11）	（3/10）B+ （10～11）	（3/10）B+ （10～11）	（3/10）B+ （10～11）	（3/10）B+ （10～11）
袖 长	（3/10）号+ （5-7）	（3/10）号+ （4～6）	（3/10）号+ （4～6）	—	（3/10）号+ （7～9）	（3/10）号+ （8～10）
领 大	（3/10）B+9	（3/10）B+7	（3/10）B+8	（3/10）B+8	（3/10）B+9	（3/10）B+9

表3-3 男、女下装规格计算表　　　　　　　　　　单位：cm

品名 规格	男长裤	男短裤	女长裤	女短裤	裙 子
裤（裙）长	（3/5）号+ （2～4）	（3/5）号- （6～7）	（3/5）号+ （6～8）	（3/5）号- （2～6）	（3/5）号- （0～10）
腰围（W）	型+（2～6）	型+（0～2）	型+（2～4）	型+（0～2）	型+（0～2）
臀 围	（4/5）W+ （40～44）	（4/5）W+ （38～42）	（4/5）W+ （42～46）	（4/5）W+ （40～44）	（4/5）W+ （40～44）

（三）服装规格系列表的设计

在服装成衣生产中，每一个款式都涉及许多的规格，而每一规格又都涉及许多控制部位和一些复杂的数据，为了将这些复杂的数据直观而有序地排列起来，便于推板中使用，必须设计一个科学的规格系列表。规格系列表中的项目除了一般的规格号型、主要控制部位的数据之外，还要对一些局部和部件的规格作出规定，如领宽、袖口大、腰头宽、袖头宽、口袋的高度与宽度等。对于这些细节的规格设计没有统一的标准，需要依赖于设计者的直接经验和对产品设计的整体把握。为了对一些部件或细节做出准确的规格设计，可以采用确定两端均分中间的方法，即分别确定最小规格和最大规格的部件大小，然后将最小规格与最大规格之间的差量除以分档数，得出相邻两档之间的档差值。例如，在女夹克衫的规格设计中根据设计意图，将最小规格的领宽设计为6cm，最大规格的领宽设计为7.5cm，它们之间的差量为1.5cm，按照7个号型计算，则平均档差为：1.5 / 7 ≈ 0.2cm。这样处理的最大优点是便于控制两端号型中部件与整体的配比关系，避免出现不协调现象。

服装规格系列表的形式不拘一格，可以根据各自的使用习惯进行编制。表3-4和表3-5是一般男西装和男西裤的规格系列表，供大家参考。

表3-4　男西装规格表（5·3系列）　　　　　　　单位：cm

号型 规格	155/78A	160/81A	165/84A	170/87A	175/90A	180/93A	185/96A	档差
衣　长	72	74	76	78	80	82	84	2
胸　围	98	101	104	107	110	113	116	3
肩　宽	43	44	45	46	47	48	49	1
袖　长	54.0	55.5	57.0	58.5	60.0	61.5	63.0	1.5
袖口大	14.2	14.6	15.0	15.4	15.8	16.2	16.6	0.4
领　宽	6.0	6.2	6.4	6.6	6.8	7.0	7.2	0.2
袋盖宽	4.6	4.8	5.0	5.2	5.4	5.6	5.8	0.2
手巾袋大	8.8	9.0	9.2	9.4	9.6	9.8	10.0	0.2

表3-5　男长裤系列规格表（5·4）　　　　　　　单位：cm

号型 规格	155/60A	160/64A	165/68A	170/72A	175/76A	180/80A	185/84A	档差
裤　长	95	98	101	104	107	110	113	3
腰　围	74	78	82	86	90	94	98	4
臀　围	100	104	108	112	116	120	124	4
脚口围	41.2	42.4	43.6	44.8	46.0	47.2	48.4	1.2
腰头宽	3.5	3.6	3.7	3.8	3.9	4.0	4.1	0.1
插袋口大	15.0	15.4	15.8	16.2	16.6	17.0	17.4	0.4
后袋口大	11.0	11.3	11.6	11.9	12.2	12.5	12.8	0.3
袋盖宽	3.8	4.0	4.2	4.4	4.6	4.8	5.0	0.2

第二节　推板的原理

一、推板原理

服装推板的原理来自于数学中图形的相似形变化，就是以衣片相同部位的规格档差为依据，通过一定的比例对衣片进行放大或缩小而形成系列样板。推板是从某一个基本点向四周推移，其方向变化决定了推板的形式。推板不只是线的变化，而且有面积的增减，所以推板必须在二维坐标系中进行。把二维坐标的交点作为基准点，在x轴上确定横向增减量，在y轴上确定纵向增减量，x轴和y轴的数值共同决定该放码点的移动方向及移动量。衣片的形状越复杂，需要的放码点越多，反之则越少。

如图3-1所示，以简单的正方形变化为例进行推板分析。如将边长为5cm的正方形$ABCD$扩成边长为6cm的正方形$A_1B_1C_1D_1$，二者边长的档差为1cm。通过几种不同的坐标选定可以形成不同的推板方式。

图 3-1（a）将坐标原点设置于 A 点，AB 边设为 x 轴，AD 边设为 y 轴。根据边长差数，在 x 轴扩展 1cm 确定 B_1 点，在 y 轴扩展 1cm 确定 D_1 点，分别过 B_1 和 D_1 点作 AB 和 AD 的平行线，两线交于 C_1 点。

图 3-1（b）是在正方形 $ABCD$ 的中心位置设定坐标原点，沿坐标轴的四个方向都要增长，

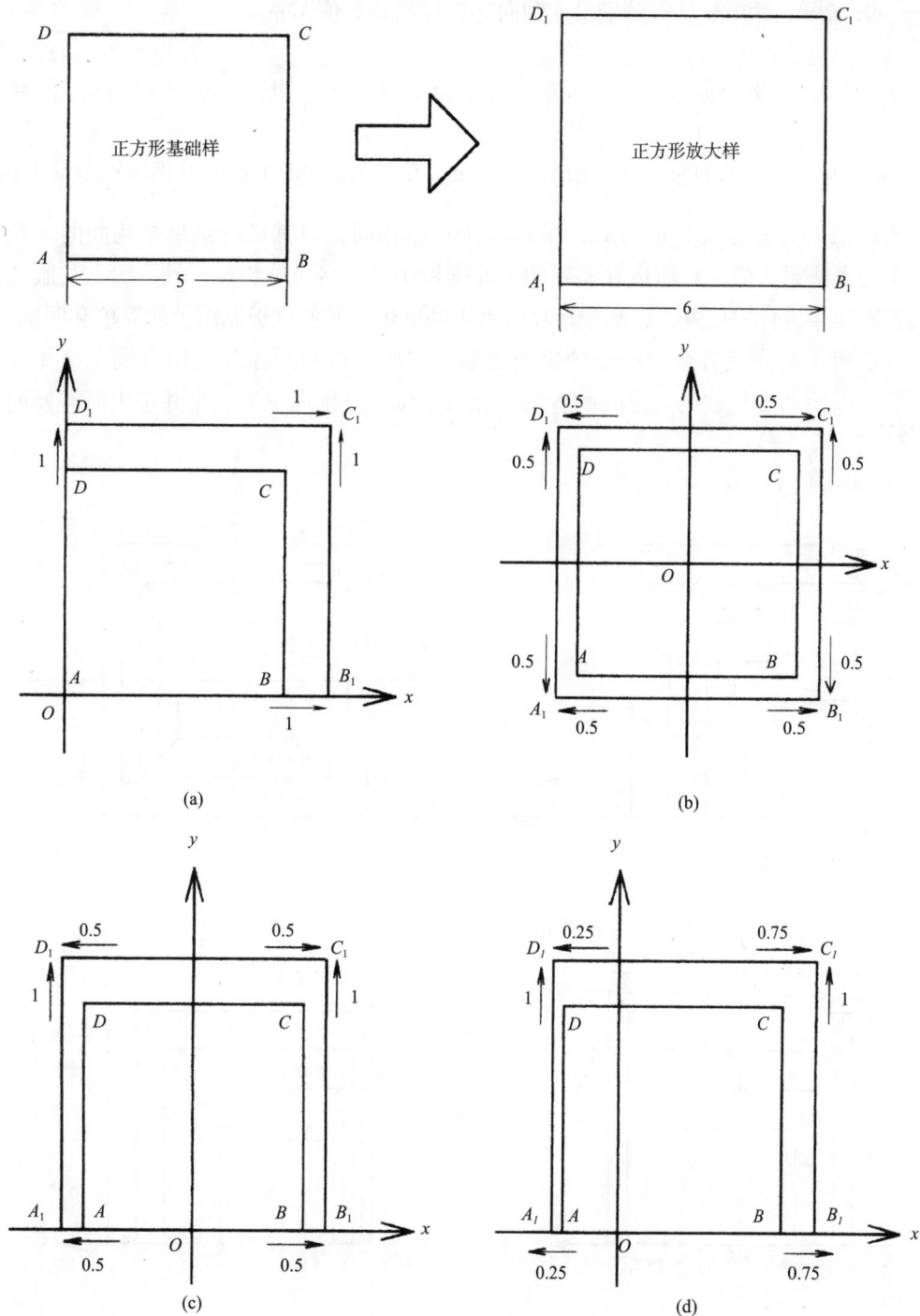

图 3-1 正方形推板

每边的增加量为 $\frac{1}{2}$ 档差即 $\frac{6-5}{2}$ =0.5cm。

图 3-1（c）将坐标原点设定在 AB 边的中点位置，那么 A、B 点分别沿 x 轴向外扩展 $\frac{1}{2}$ 档差即 $\frac{6-5}{2}$ =0.5cm，而 C、D 点分别沿 y 轴向外扩展档差数值 1cm。

图 3-1（d）将坐标原点设定在 AB 边线上距离 A 点的 $\frac{1}{4}$ 处，A 点沿 x 轴向左扩展 $\frac{1}{4}$ 档差 =0.250m，B 点沿 x 轴向右扩展 $\frac{3}{4}$ 档差 =0.75cm。C、D 点均沿 y 轴向外扩展档差量 1cm。

分析以上四种图形的扩展方式，虽然方法不尽相同，但其最终结果是相同的。其中图 3-1（a）的方法最为简单。所以在实际的工业推板中，应尽可能将坐标轴设置在与服装样板的主要控制线相重合的位置，以减少计算所带来的麻烦，并使推板制图更加简单和明确。

图 3-2 所示为完成各个放码点的定位之后，将放码点与原控制点用直线连接并分别向两端延长，以控制点与放码点之间的直线长度为单位，分别向上下测量并定出所需要的放码

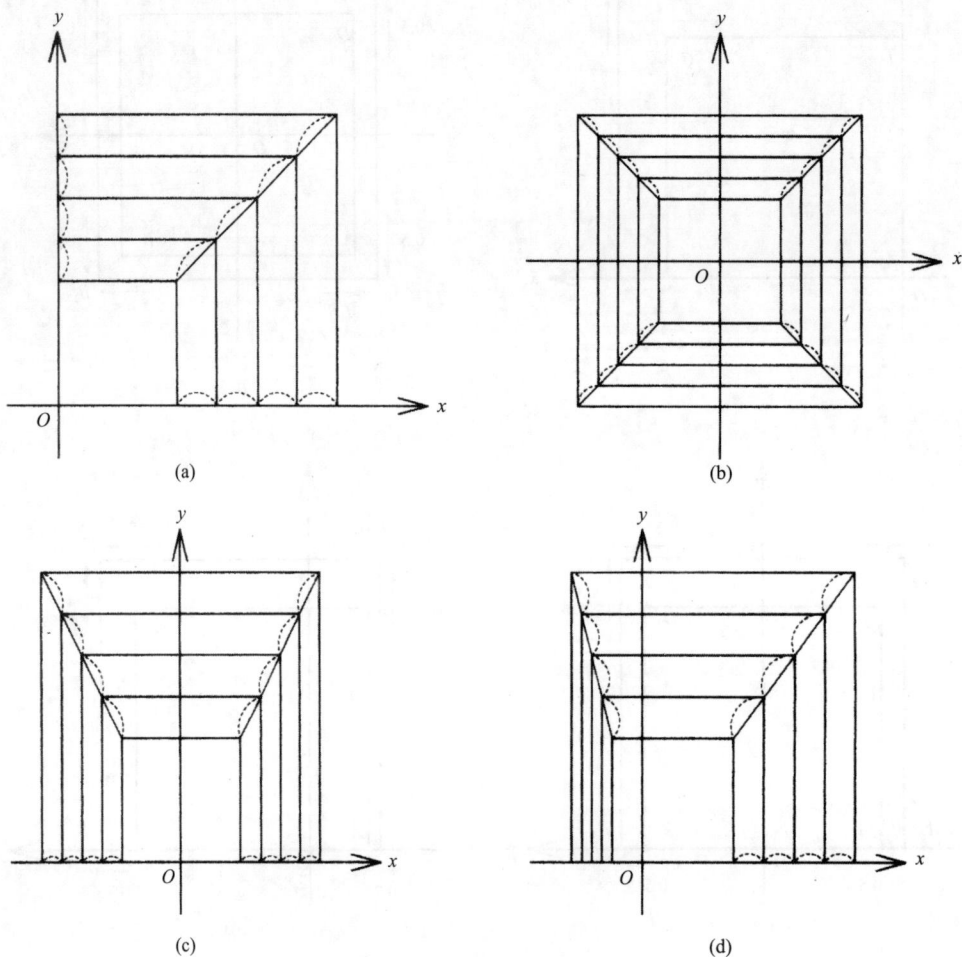

(a)

(b)

(c)

(d)

图 3-2　系列样板的放缩

点，最后用相应的线连接各个放码点，便可以完成系列样板的缩放。

二、服装推板计算

本教材中所使用的推板计算方法与比例制图中所使用的计算方法基本相同，服装中各部位的放缩量是按照该部位的计算公式求出来的。推板中的计算公式与制图中的计算公式其区别有以下三点；一是制图中所针对的计算基数是服装的成品规格，而推板中所针对的计算基数是规格档差；二是推板中所使用的计算公式删除了修正值部分，这是因为在制板过程中，已经对样板作了相应的修正，推板中的档差数值要小于成品规格数值，所造成的误差量比较小，可以忽略不计；三是在推板中，凡是没有相应计算公式的部位，按照该部位在整体中所占的比例计算，例如，制图中袖窿弧线与胸宽线的切点位置在 $\frac{1}{4}$ 袖窿深的位置，推板中该点的纵向移动量按照 $\frac{1}{4}$ 袖窿深缩放量计算，以此类推。

（一）上装推板计算

■ 1. **衣长** 一般坐标 x 轴设置在与袖窿深线相重合的位置，所以衣长的放缩量由上下两端放缩，计算方法是：衣长档差 – 上端放缩量。

■ 2. **腰节长** 计算方法为：腰节长档差 – 上端放缩量。

■ 3. **袖窿深** 取 $\frac{2}{10}$ 胸围档差。

■ 4. **前胸宽** 取 $\frac{1.8}{10}$ 胸围档差。

■ 5. **后背宽** 取 $\frac{1.8}{10}$ 胸围档差。

■ 6. **袖窿宽** 取 $\frac{1}{10}$ 胸围档差。

■ 7. **胸围大** 四开身结构按照 $\frac{1}{4}$ 胸围档差计算，三开身结构按照胸宽加袖窿宽的档差计算。

■ 8. **肩宽** 取 $\frac{1}{2}$ 肩宽档差。

■ 9. **落肩量** 保持原有的肩线斜度。

■ 10. **横开领** 取 $\frac{2}{10}$ 领围档差。

■ 11. **前直开领** 取 $\frac{2}{10}$ 领围档差。

■ 12. **后直开领** 保持原有数值。

■ 13. **袖长** 取袖长档差 – 袖山高放缩量。

■ 14. **袖山高** 取$\frac{1.5}{10}$胸围档差。

■ 15. **袖肥** 取$\frac{2}{10}$胸围档差。

（二）裤装推板计算

■ 1. **裤长** 裤长档差$-\frac{1}{4}$臀围档差。

■ 2. **立裆** 取$\frac{1}{4}$臀围档差。

■ 3. **腰围** 取$\frac{1}{8}$腰围档差两边加放。

■ 4. **臀围** 取$\frac{1}{8}$臀围档差两边加放。

■ 5. **中裆** （裤长规格档差 – 上裆档差）$\times\frac{1}{2}$

■ 6. **脚口** 取$\frac{1}{4}$脚口围档差两边加放。

（三）裙装推板计算

■ 1. **裙长** 裙长档差$-\frac{1}{6}$臀围档差。

■ 2. **腰臀长** 取$\frac{1}{6}$臀围档差。

■ 3. **腰围** 取$\frac{1}{4}$腰围档差。

■ 4. **臀围** 取$\frac{1}{4}$臀围档差。

第三节　推板的操作

（一）确定基准线及坐标位置

　　基准线是为了确定推板方向而在衣片中选择的轮廓线或主要的辅助线，由两条互相垂直相交的直线构成。在推板中基准线是各号型的公共线。坐标的原点一般设置在两条基准线的交点位置，纵向的基准线代表y轴，横向的基准线代表x轴。合理地选择基准线可以减少推板过程中的计算工作量，并使图形清晰明了。不同的服装款式，不同的推板方法，对于基准线有着不同的约定。有关基准线的选择见表3-6。

表 3-6　常用服装推板基准线

服装（部位）名称			可供选择的基准线
上　装	衣　身	纵　向	前后中心线、胸宽线、背宽线
		横　向	上平线、袖窿深线、衣长线
	袖　子	纵　向	袖中线、前袖直线
		横　向	袖山深线、袖肘线
	领　子	纵　向	领中线
		横　向	领下口线、领上口线
下　装	裤　子	纵　向	前后挺缝线、侧缝直线
		横　向	上平线、横裆线、裤长线
	裙　子	纵　向	前后中线、侧缝线
		横　向	上平线、臀围线

（二）确定放码点

服装的放码点是根据衣片的复杂程度确定的，一般宽松型的服装放码点较少，合体型的服装放码点较多。除了主要控制部位必须设定放码点外，对于一些决定局部造型的关键点也要设定放码点，如分割线在腰节位置、B．P 点位置、上下端点位置等可以多设几个放码点。放码点越多推板中出现的误差相对越少。但是，过多的放码点会给推板过程中的计算增加难度，要根据实际需要灵活掌握。

（三）确定放码量

放码量是根据放码点所处的位置用公式计算出来的。放码点有单向和双向之分，凡是位于坐标轴线或是接近坐标轴线的放码点，一般属于单向放码点，其放码量只取 x 轴或 y 轴方向数值。凡是远离坐标轴线的放码点都是双向放码点，这种放码点的放码量必须同时确认 x 轴和 y 轴方向两个数值才能确定其位置。在计算和测量放码量时应注意使分坐标与主坐标平行，即纵向放码量按照与 y 轴平行的方向测量，横向放码量按照与 x 轴平行的方向测量。

（四）截取各规格的放码点

服装推板中各个放码点的移动，不仅有数值的限制而且有方向的限制；不同位置放码点的移动量和移动方向也不相同，所以在截取各规格的放码点时要注意严格按照放码点与移动点之间的直线方向测量。具体做法是首先将相邻两档的放码点用直线连接，然后按照两点之间的直线距离分别向内外截取一定数量的点，放大的点数与缩小的点数应尽量保持相同，例如要作 7 个号型的推板可以分别向内截取 3 个点，向外截取 3 个点，加上中间号型正好形成预定的规格系列。

（五）连接各规格放码点

服装推板属于相似形的放大与缩小，所以在连接各规格的放码点时，所使用的线型一定要与中间号型的线型接近，要反复修正连接线的形状，使连接线清晰、准确。

（六）卸板

卸板是将推板所得到的系列样板逐片分解开，得到各规格样板。具体做法是在系列样的背面垫上一张样板纸并用重物压牢，避免在复制样板时产生滑动，用滚轮分别沿着各个规格的轮廓线在样板纸上压印。在压印的痕迹线外围按照工艺要求加放缝份和折边量，最后剪切成系列样板。

（七）检验与标注

完成系列样板的剪切之后，要对每一号型的样板进行检验。检验的项目有：服装规格检验，如衣长、胸围、肩宽、袖长、领围等，确保这些部位的规格在允许的公差范围以内；等长边的检验，如侧缝线、分割线、前后袖线等，确保相缝合的两条边的长度一致；长度不相等边的检验，如袖山弧线与袖窿弧线、前后肩线等，要使不相等边的差值保持在规定的吃势范围之内；拼合检验，如将前后肩线对齐观察袖窿弧线及领圈弧线是否圆顺，对于不符合要求的部位及时做出修正。

为了便于管理，要在每一规格的每一片样板上面做出详细的标注，具体可参照第二章第二节有关内容。

参考习题

1. 试分析比较切开线放码和点放码的特点。

2. 为什么在推板之前必须设计服装规格表？

3. 如何根据国家号型标准进行服装规格设计？

4. 设计女西装5·4系列规格尺寸表。

5. 在推板时，有计算公式的部位，推板量如何确定？没有相应计算公式的部位，其放缩量又如何确定？

6. 确定服装推板基准线的原则是什么？

第四章 裙类推板

第一节 筒裙推板

一、前期准备工作

（一）推板说明

如图 4-1 所示，筒裙是裙类结构中造型较为简单的一种，由一片前片、两片后片和一片腰头构成基本形。前片共四个省道，每片后片各两省，设后开衩，后中绱拉链。根据成品规格表选取中间号型规格 160/64A 绘制结构图，经修正调整后形成标准样板。推板时先选定前中心线和后中心线为纵向基准线，臀围线为横向基准线，再分别计算各放码点的长度、围度方向的放缩数值。

筒裙属于四开身结构，每片样板的腰围和臀围均按照 $\frac{1}{4}$ 总围度的比例放缩。为了使侧缝线的形状保持相对稳定，推板中下摆围与臀围取相同的放缩量。

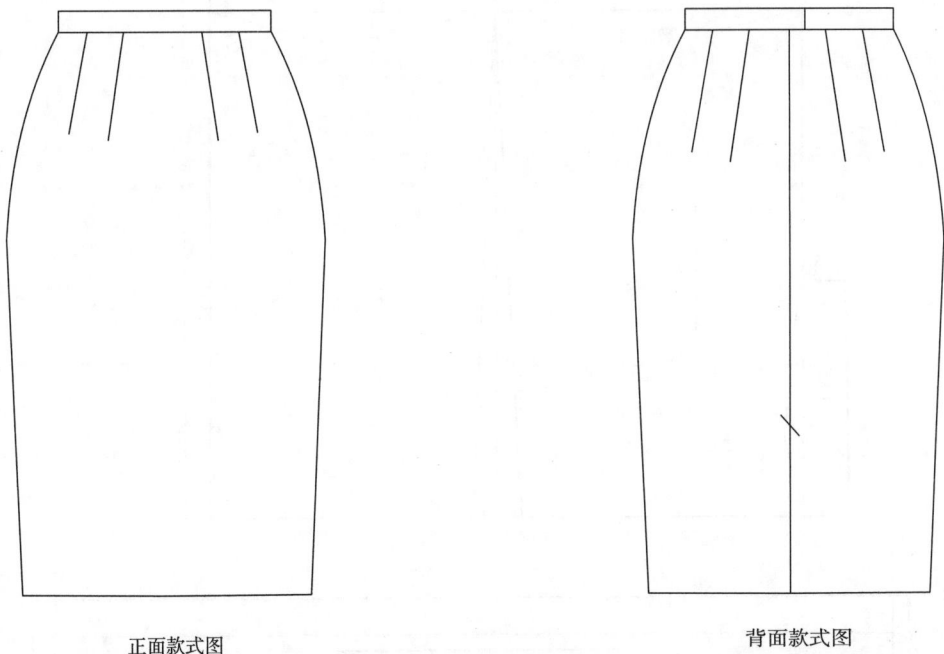

正面款式图   背面款式图

图 4-1　筒裙款式图

（二）规格与档差（表 4-1）

表 4-1　筒裙成品规格表

单位：cm

规格　　　　部位	150/56A	155/60A	160/64A	165/68A	170/72A	档差
腰围	58	62	66	70	74	4
臀围	88	92	96	100	104	4
裙长	56	58	60	62	64	2
腰头宽	3	3	3	3	3	0

（三）结构制图（图 4-2）

　　首先按照图 4-2 中标注的计算公式及数据完成结构制图，然后将前裙片、后裙片、腰头分别压印在样板纸上，样片之间要留出一定的量，以免推板后相互重叠。

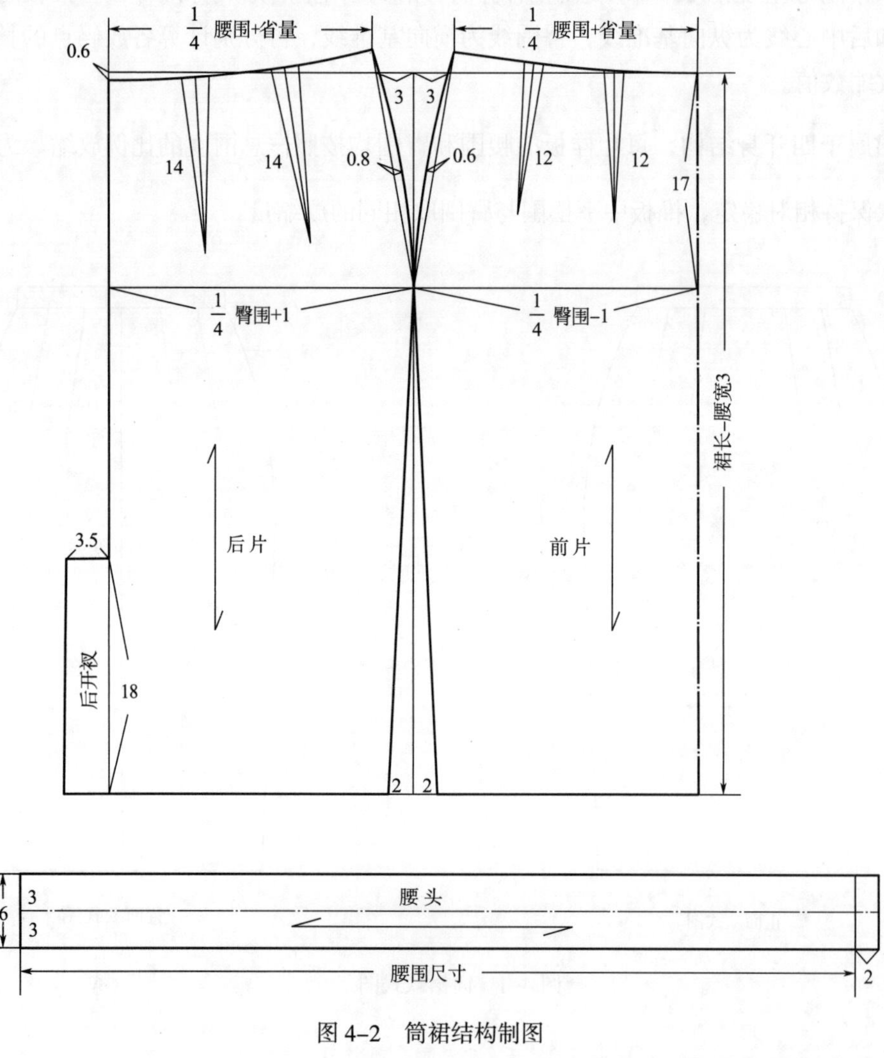

图 4-2　筒裙结构制图

二、具体推板操作

（一）前片推板（图4-3）

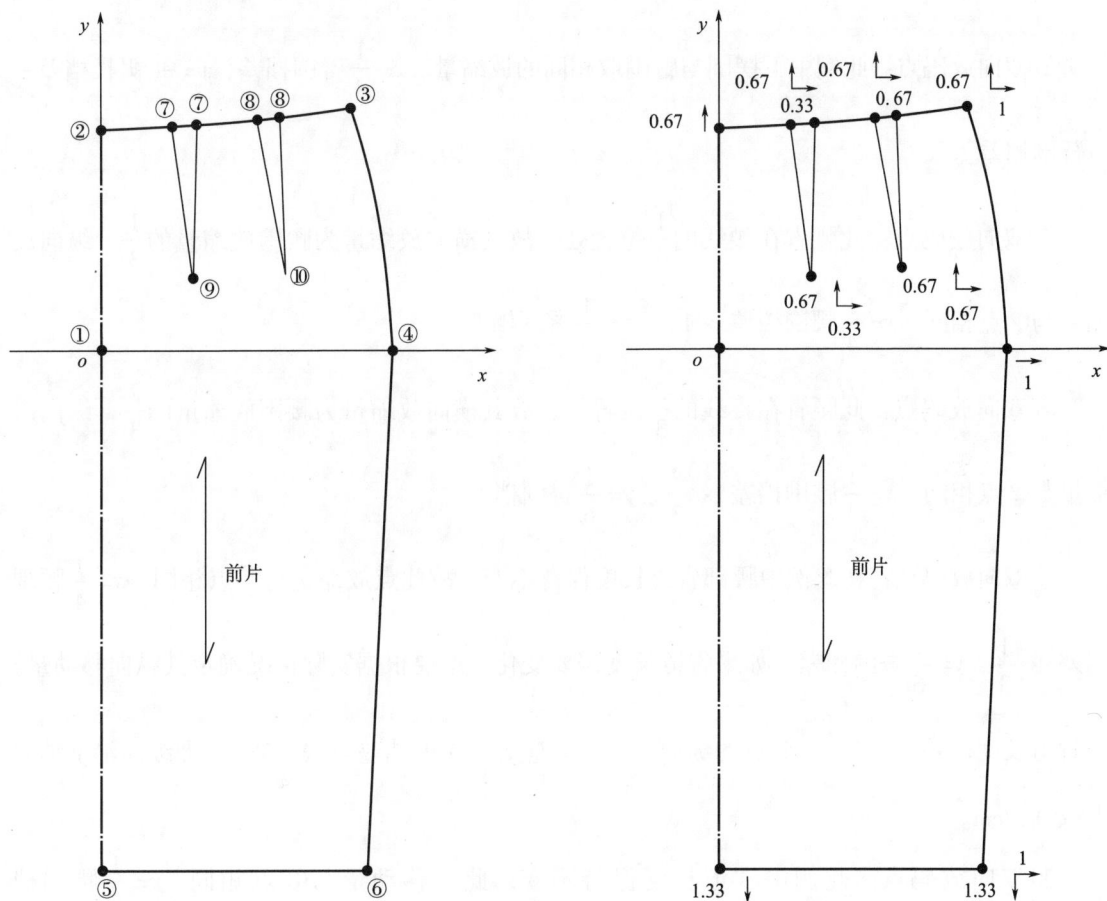

图4-3 前片推板

①固定点：两条基准线的相交点，是坐标轴的原点，故此点为固定点不产生移动。$x=0$，$y=0$。

②单向放码点：处在纵向基准线上，故只在纵向产生移动，放缩量为$\frac{1}{6}$臀围档差。$x=0$，$y=\frac{1}{6}$臀围档差。

③双向放码点：横向放缩量为$\frac{1}{4}$腰围档差，纵向放缩量与②点相同。$x=\frac{1}{4}$腰围档差，$y=\frac{1}{6}$臀围档差。

④单向放码点：处在横向基准线之上，故只在横向产生移动，放缩量为$\frac{1}{4}$臀围档差。$x=\frac{1}{4}$臀围档差，$y=0$。

⑤单向放码点：处在纵向基准线之上，故只在纵向产生移动，放缩量为裙长档差减去基准线以上已经放缩的量$\frac{1}{6}$臀围档差。$x=0$，$y=-$（裙长档差$-\frac{1}{6}$臀围档差）。

⑥双向放码点：此例中下摆围与臀围取相同的放缩量。$x=\frac{1}{4}$臀围档差，$y=-$（裙长档差$-\frac{1}{6}$臀围档差）。

⑦双向放码点：此腰省在腰线的$\frac{1}{3}$位置处，故其横向放缩量为腰围放缩量的$\frac{1}{3}$，纵向放缩量与②点相同。$x=\frac{1}{4}$腰围档差 $\times 1/3$，$y=\frac{1}{6}$臀围档差。

⑧双向放码点：此腰省在腰线的$\frac{2}{3}$位置处，故其横向放缩量为腰围放缩量的$\frac{2}{3}$，纵向放缩量与②点相同。$x=\frac{1}{4}$腰围档差 $\times \frac{2}{3}$，$y=\frac{1}{6}$臀围档差。

⑨双向放码点：在此例中腰部省道长度保持不变，故此点放缩量与⑦点相同。$x=\frac{1}{4}$腰围档差 $\times \frac{1}{3}$，$y=\frac{1}{6}$臀围档差。如果省道长度需要变化，就要根据实际情况确定其纵向移动量。如省道长度档差为0.5cm，此点的纵向变化量就应为$\frac{1}{6}$臀围档差减去0.5cm，即纵向沿y轴向上取0.17cm。

⑩双向放码点：此例中省道长度保持不变，此点移动量与⑧点相同。$x=\frac{1}{4}$腰围档差 $\times \frac{2}{3}$，$y=\frac{1}{6}$臀围档差。如果省道长度需要变化，就要根据实际情况确定其纵向移动量。

（二）后片推板（图4-4）

①固定点：两条基准线的相交点，是坐标轴的原点。$x=0$，$y=0$。

②单向放码点：$x=0$，$y=\frac{1}{6}$臀围档差。

③双向放码点：$x=\frac{1}{4}$腰围档差，$y=\frac{1}{6}$臀围档差。

④单向放码点：$x=\frac{1}{4}$臀围档差，$y=0$。

⑤单向放码点：$x=0$，$y=-$（裙长档差$-\frac{1}{6}$臀围档差）。

⑥双向放码点：$x=\frac{1}{4}$臀围档差，$y=-$（裙长档差$-\frac{1}{6}$臀围档差）。

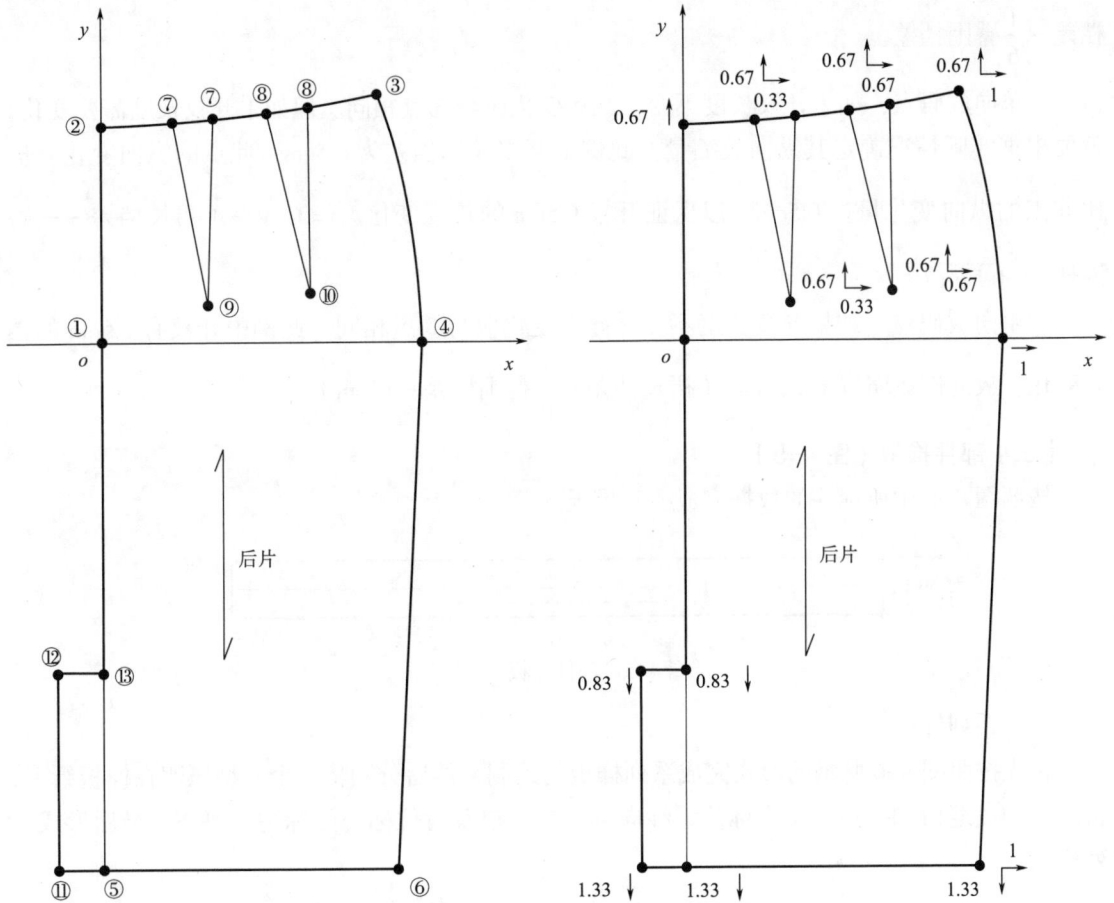

图 4-4　后片推板

⑦双向放码点：$x=\dfrac{1}{4}$ 腰围档差 $\times \dfrac{1}{3}$，$y=\dfrac{1}{6}$ 臀围档差。

⑧双向放码点：$x=\dfrac{1}{4}$ 腰围档差 $\times \dfrac{2}{3}$，$y=\dfrac{1}{6}$ 臀围档差。

⑨双向放码点：此例中省道长度及大小保持不变，故此点放缩量与⑦点相同。$x=\dfrac{1}{4}$ 腰围档差 $\times \dfrac{1}{3}$，$y=\dfrac{1}{6}$ 臀围档差。但如果省道长度需要变化，就要根据实际情况确定其纵向放缩量。

⑩双向放码点：此例中省道长度及大小保持不变，故此点放缩量与⑧点相同。$x=\dfrac{1}{4}$ 腰围档差 $\times \dfrac{2}{3}$，$y=\dfrac{1}{6}$ 臀围档差。但如果省道长度需要变化，就要根据实际情况确定其纵向放缩量。

⑪单向放码点：此例中裙子开衩宽度不变，故此点放缩量与⑤点相同。$x=0$，$y=-$（裙长

档差 $-\dfrac{1}{6}$ 臀围档差）。

⑫单向放码点：如果开衩长度不变，此点变化应与⑤点相同。但如果开衩长度需要变化，就要根据实际情况确定其纵向放缩量。此例中开衩长度档差为 0.5cm，此点的纵向变化就应比⑤点的纵向变化量少 0.5cm，以保证开衩 0.5cm 的长度变化。$x=0$，$y=-$（裙长档差 $-\dfrac{1}{6}$ 臀围档差 -0.5cm）。

⑬单向放码点：如果开衩长度不变，此点变化应与⑤点相同。此例中开衩有 0.5cm 的档差变化，故此例放缩量 $x=0$，$y=-$（裙长档差 $-\dfrac{1}{6}$ 臀围档差 -0.5cm）。

（三）部件推板（图 4-5）

按照图 4-5 中所标注的数据完成腰头推板。

图 4-5　部件推板

三、系列样板

首先按照图 4-6 所示的形式完成系列样板的绘制，然后分别将各个号型压印在样板纸上，再进行加放缝份和折边、文字标注、纱向标注、剪口及对位标记的标注、剪切，最后形成系列样板。

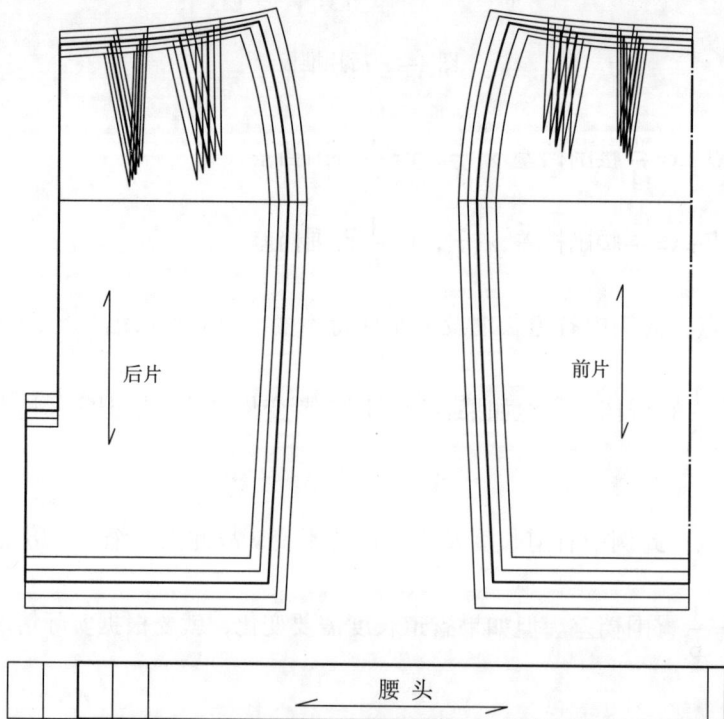

图 4-6　系列样板

第二节　六片裙推板

一、前期准备工作

（一）推板说明

如图 4-7 所示，六片裙是在筒裙结构基础上进行纵向分割变化形成的一种款式，前后各分为三片，无省道，设后开衩，后中缉拉链。根据成品规格表选取中间号型规格 160/66A 绘制结构图，经修正调整后形成标准样板。对于有分割的服装款式，在推板时可根据需要选择不同的基准线。前后各分割片样板可采用相同的推板基准线，也可以各自选定不同的基准线来进行推板。基准线不同的选择方式虽然会影响各放码点的放缩量、各个规格样板的相对位置，但并不会改变各号型样板的最终形状。在此例中示范相同基准线和不同基准线两种不同方式的推板。

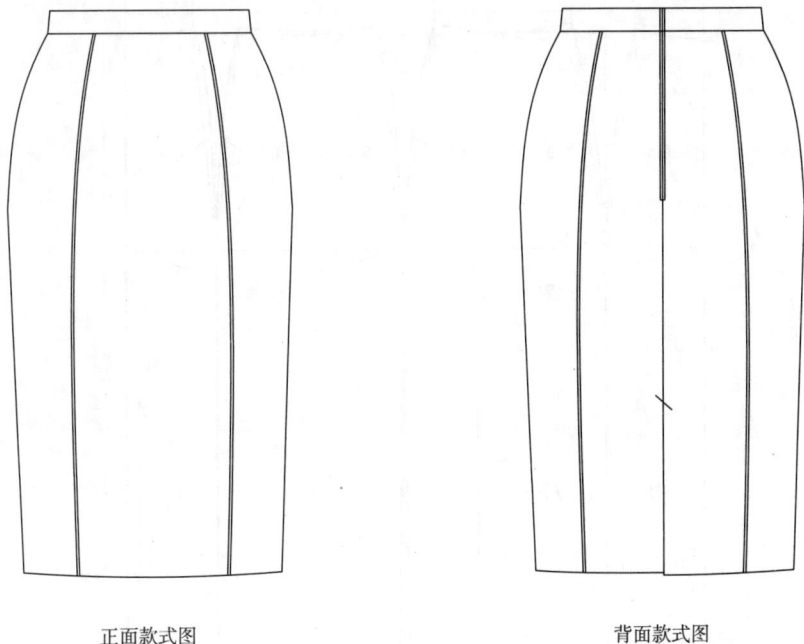

正面款式图　　　　　　　　　　　　　背面款式图

图 4-7　六片裙款式图

（二）规格与档差（表 4-2）

表 4-2　六片裙成品规格表　　　　　　　　　　　　　　单位：cm

规格＼部位	150/58A	155/62A	160/66A	165/70A	170/74A	档差
腰围	60	64	68	72	76	4

规格＼部位	150/58A	155/62A	160/66A	165/70A	170/74A	档差
臀围	86	90	94	98	102	4
裙长	56	58	60	62	64	2
下摆围	84	88	92	96	100	4
腰头宽	3	3	3	3	3	0

（三）结构制图（图4-8）

首先按照图4-8中所标注的计算公式及数据完成结构制图，然后将前裙片、后裙片、腰头等分别压印在样板纸上，样片之间要留出一定的量，以免推板后相互重叠。

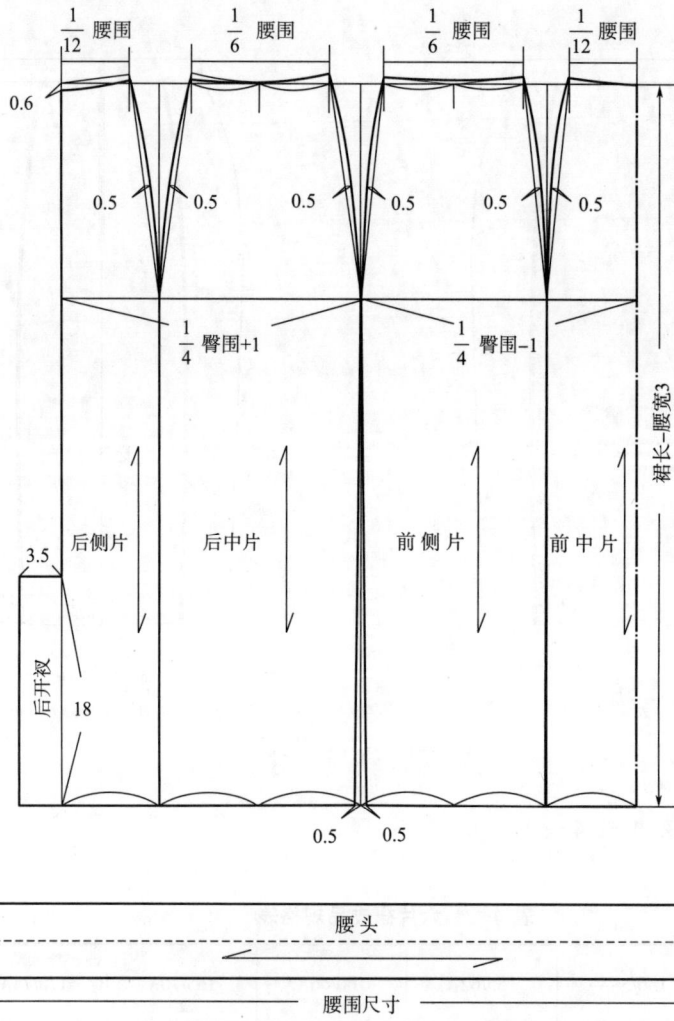

图4-8 六片裙结构制图

二、具体推板操作

（一）不同基准线推板

1. 前中片、前侧片推板（图4-9）

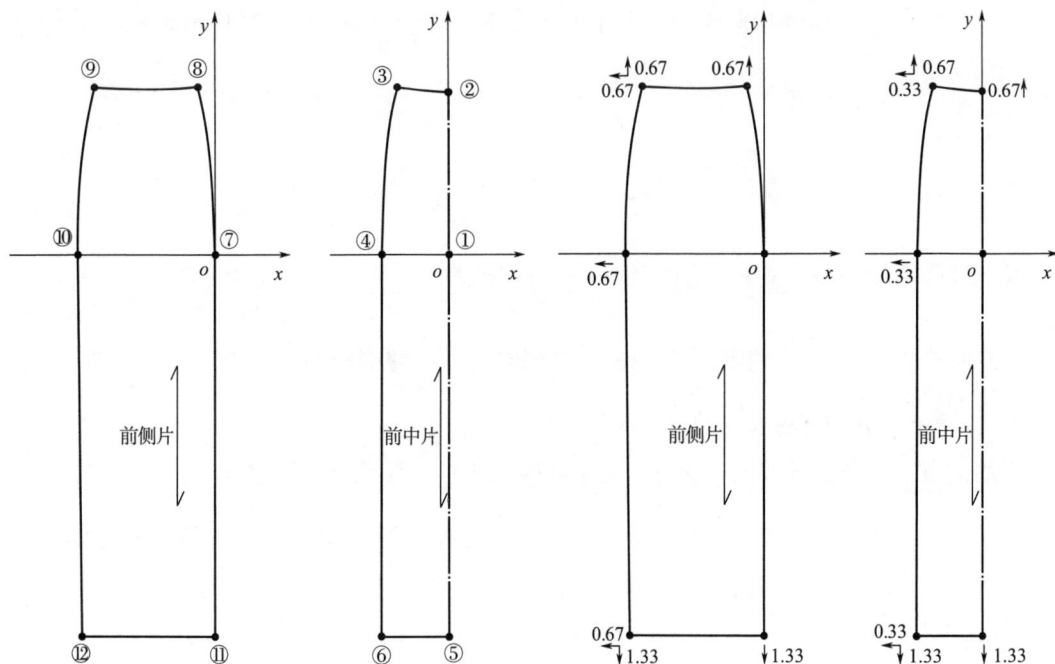

图4-9　前中片、前侧片推板

①固定点：两条基准线的相交点，是坐标轴的原点，故此点为固定点。$x=0$，$y=0$。

②单向放码点：处在纵向基准线之上，故只在纵向产生移动，放缩量为 $\frac{1}{6}$ 臀围档差。$x=0$，$y=\frac{1}{6}$ 臀围档差。

③双向放码点：处在纵向分割线上，前中片横向围度为 $\frac{1}{3}\times\frac{1}{4}$ 臀围，即 $\frac{1}{12}$ 臀围。故此点横向沿 x 轴向左取 $\frac{1}{12}$ 腰围档差，纵向移动量与②点相同。$x=-\frac{1}{12}$ 腰围档差，$y=\frac{1}{6}$ 臀围档差。

④单向放码点：处在横向基准线之上，故只在横向产生移动。$x=-\frac{1}{12}$ 臀围档差，$y=0$。

⑤单向放码点：$x=0$，$y=-$（裙长档差 $-\frac{1}{6}$ 臀围档差）。

⑥双向放码点：$x=-\frac{1}{12}$ 臀围档差，$y=-$（裙长档差 $-\frac{1}{6}$ 臀围档差）。

⑦固定点：两条基准线的相交点，是坐标轴的原点，故此点为固定点。$x=0$，$y=0$。

⑧单向放码点：处在纵向基准线附近，故只在纵向产生移动，放缩量为$\frac{1}{6}$臀围档差。

$x=0$，$y=\frac{1}{6}$臀围档差。

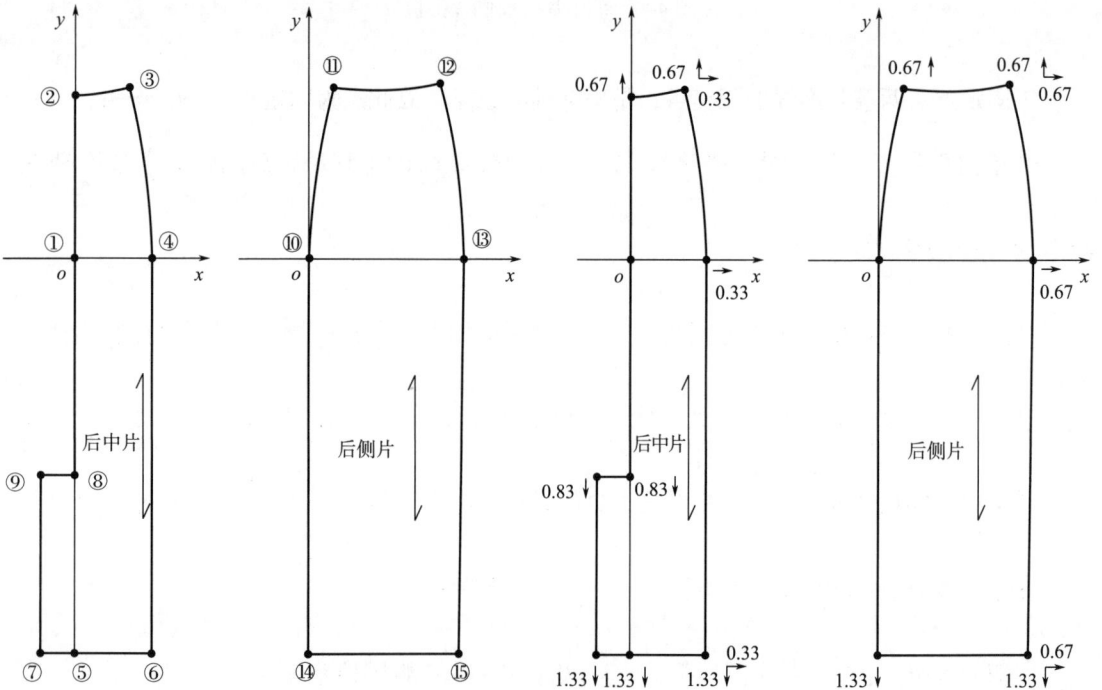

⑨双向放码点：前侧片横向围度为$\frac{2}{3} \times \frac{1}{4}$臀围，即$\frac{1}{6}$臀围。故其横向沿$x$轴向左取$\frac{1}{6}$腰围档差，纵向移动量与⑧点相同。$x=-\frac{1}{6}$腰围档差，$y=\frac{1}{6}$臀围档差。

⑩单向放码点：处在横向基准线之上，故只在横向产生移动。$x=-\frac{1}{6}$臀围档差，$y=0$。

⑪单向放码点：$x=0$，$y=-$（裙长档差$-\frac{1}{6}$臀围档差）。

⑫双向放码点：$x=-\frac{1}{6}$臀围档差，$y=-$（裙长档差$-\frac{1}{6}$臀围档差）。

2. 后中片、后侧片推板（图4-10）

①固定点：两条基准线的相交点，是坐标轴的原点，故此点为固定点。$x=0$，$y=0$。

②单向放码点：处在纵向基准线之上，故只在纵向产生移动，移动量为$\frac{1}{6}$臀围档差。

$x=0$，$y=\frac{1}{6}$臀围档差。

图 4-10 后中片、后侧片推板

③双向放码点：处在纵向分割线上，后中片横向围度为 $\frac{1}{3} \times \frac{1}{4}$ 臀围，即 $\frac{1}{12}$ 臀围。故其横向沿 x 轴向右取 $\frac{1}{12}$ 腰围档差，纵向放缩量与②点相同。$x=\frac{1}{12}$ 腰围档差，$y=\frac{1}{6}$ 臀围档差。

④单向放码点：处在横向基准线之上，故只在横向产生移动。$x=\frac{1}{12}$ 臀围档差，$y=0$。

⑤单向放码点：$x=0$，$y=-$（裙长档差$-\frac{1}{6}$臀围档差）。

⑥双向放码点：$x=\frac{1}{12}$ 臀围档差，$y=-$（裙长档差$-\frac{1}{6}$臀围档差）。

⑦单向放码点：此例中裙子开衩宽度不变化，故此点变化量与⑤点相同。$x=0$，$y=-$（裙长档差$-\frac{1}{6}$臀围档差）。

⑧单向放码点：如果开衩的长度不变化，此点变化与⑤点相同。如果开衩长度有变化，就要根据实际情况确定该点的纵向放缩量。具体请参考上一节筒裙开衩处的推板方法。此例中开衩长度的档差量为 0.5cm，故 $x=0$，$y=-$（裙长档差$-\frac{1}{6}$臀围档差$-0.5cm$）。

⑨单向放码点：与⑧点相同。$x=0$，$y=-$（裙长档差$-\frac{1}{6}$臀围档差$-0.5cm$）。

⑩固定点：两条基准线的相交点，是坐标轴的原点，故此点为固定点。$x=0$，$y=0$。

⑪单向放码点：处在纵向基准线附近，故只在纵向产生移动，移动量为 $\frac{1}{6}$ 臀围档差。$x=0$，$y=\frac{1}{6}$ 臀围档差。

⑫双向放码点：后侧片横向围度为 $\frac{1}{3} \times \frac{1}{4}$ 臀围，即 $\frac{1}{6}$ 臀围。故其横向放缩量为 $\frac{1}{6}$ 腰围档差，纵向移动量与⑪点相同。$x=\frac{1}{6}$ 腰围档差，$y=\frac{1}{6}$ 臀围档差。

⑬单向放码点：处在横向基准线之上，故只在横向产生移动。$x=\frac{1}{6}$ 臀围档差，$y=0$。

⑭单向放码点：$x=0$，$y=-$（裙长档差$-\frac{1}{6}$臀围档差）。

⑮双向放码点：$x=\frac{1}{6}$ 臀围档差，$y=-$（裙长档差$-\frac{1}{6}$臀围档差）。

（二）相同基准线推板

1. 前中片、前侧片推板（图4-11）

①固定点：两条基准线的相交点，是坐标轴的原点，故此点为固定点，$x=0$，$y=0$。

②单向放码点：处在纵向基准线之上，故只在纵向产生移动，沿 y 轴向上取 $\frac{1}{6}$ 臀围档差。

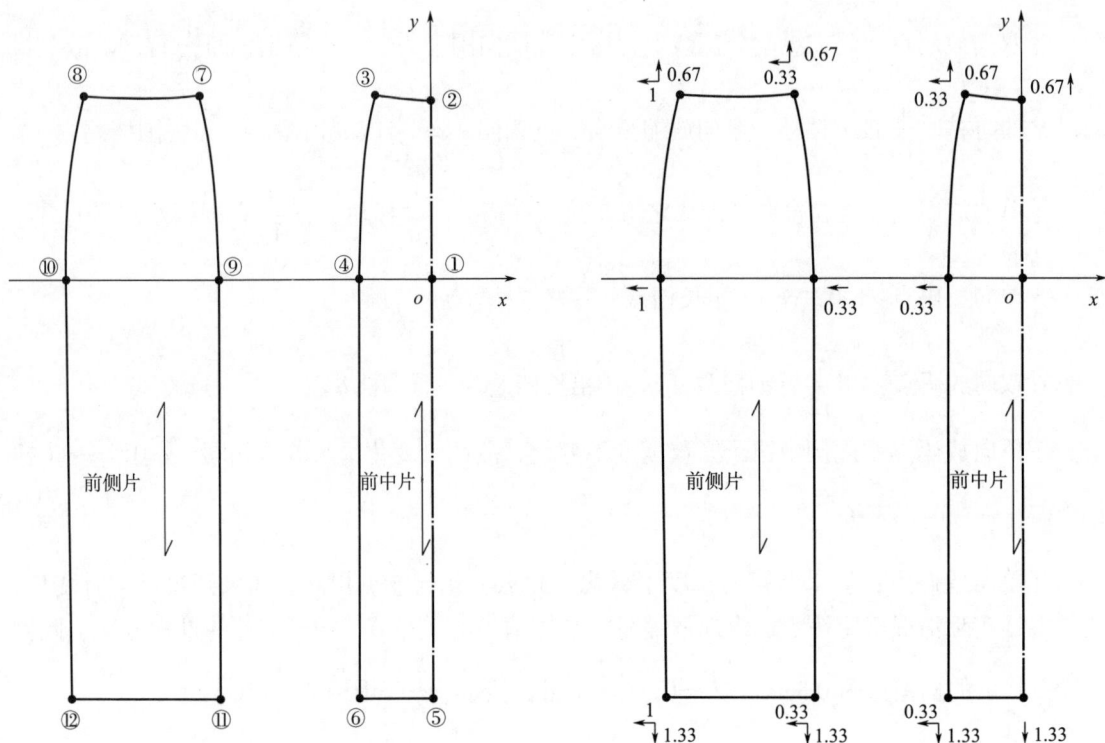

图 4-11　前中片、前侧片推板

$x=0$，$y=\dfrac{1}{6}$ 臀围档差。

③双向放码点：处在纵向分割线上，前中片横向围度为 $\dfrac{1}{3}\times\dfrac{1}{4}$ 臀围，即 $\dfrac{1}{12}$ 臀围。故其横

向沿 x 轴向左取 $\dfrac{1}{12}$ 腰围档差，纵向放缩量与②点相同。$x=-\dfrac{1}{12}$ 腰围档差，$y=\dfrac{1}{6}$ 臀围档差。

④单向放码点：处在横向基准线之上，故只在横向产生移动。$x=-\dfrac{1}{12}$ 臀围档差，$y=0$。

⑤单向放码点：$x=0$，$y=-$（裙长档差 $-\dfrac{1}{6}$ 臀围档差）。

⑥双向放码点：$x=-\dfrac{1}{12}$ 臀围档差，$y=-$（裙长档差 $-\dfrac{1}{6}$ 臀围档差）。

⑦双向放码点：与③点相同。因为采用了相同的基准线，所以分割线上的点虽属于不同

的样片，但同一点的放缩量相同。$x=-\dfrac{1}{12}$ 腰围档差，$y=\dfrac{1}{6}$ 臀围档差。

⑧双向放码点：纵向基准线为前中线，此点距离纵向基准线的宽度为 $\dfrac{1}{4}$ 腰围。$x=-\dfrac{1}{4}$ 腰

围档差，$y=\dfrac{1}{6}$ 臀围档差。

⑨单向放码点：与④点相同。$x=-\frac{1}{12}$臀围档差，$y=0$。

⑩单向放码点：纵向基准线为前中线，此点距离纵向基准线的宽度为$\frac{1}{4}$臀围。$x=-\frac{1}{4}$臀围档差，$y=0$。

⑪双向放码点：与⑥点相同。$x=-\frac{1}{12}$臀围档差，$y=-$（裙长档差$-\frac{1}{6}$臀围档差）。

⑫双向放码点：$x=-\frac{1}{4}$臀围档差，$y=-$（裙长档差$-\frac{1}{6}$臀围档差）。

2. 后中片、后侧片推板（图4-12）

①固定点：两条基准线的相交点，是坐标轴的原点，故此点为固定点。$x=0$，$y=0$。

②单向放码点：处在纵向基准线之上，故只在纵向产生移动，移动量为$\frac{1}{6}$臀围档差。$x=0$，$y=\frac{1}{6}$臀围档差。

③双向放码点：处在纵向分割线上，前中片横向围度为$\frac{1}{12}$臀围。$x=\frac{1}{12}$腰围档差，$y=\frac{1}{6}$臀围档差。

④单向放码点：处在横向基准线之上，故只在横向产生移动。$x=\frac{1}{12}$臀围档差，$y=0$。

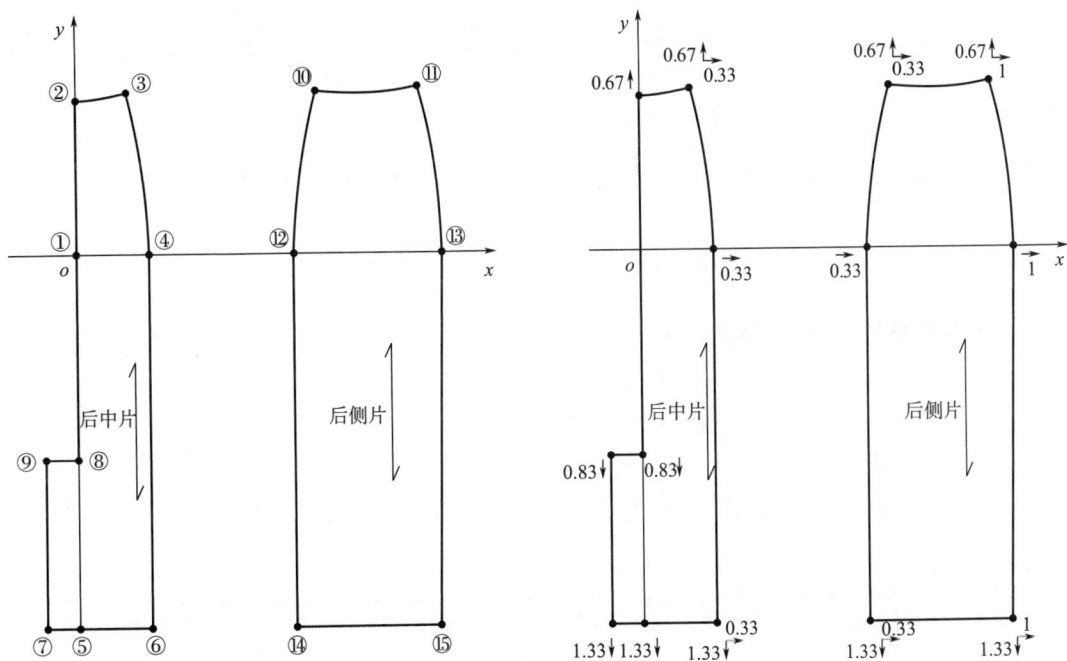

图4-12　后中片、后侧片推板

⑤单向放码点：$x=0$，$y=-$（裙长档差$-\frac{1}{6}$臀围档差）。

⑥双向放码点：$x=\frac{1}{12}$臀围档差，$y=-$（裙长档差$-\frac{1}{6}$臀围档差）。

⑦单向放码点：此例中裙子开衩宽度不变，故此点变化量与⑤点相同。$x=0$，$y=-$（裙长档差$-\frac{1}{6}$臀围档差）。

⑧单向放码点：如果开衩的长度不变化，此点变化与⑤点相同。但如果开衩长度需要变化，就要根据实际情况确定其纵向放缩量。此例中开衩长度的档差量为0.5cm，故$x=0$，$y=-$（裙长档差$-\frac{1}{6}$臀围档差-0.5cm）。

⑨单向放码点：与⑧点相同。$x=0$，$y=-$（裙长档差$-\frac{1}{6}$臀围档差-0.5cm）。

⑩双向放码点：与③点相同。因为采用了相同的基准线，所以分割线上的点虽属于不同的样片，但同一点的放缩量相同。$x=\frac{1}{12}$腰围档差，$y=\frac{1}{6}$臀围档差。

⑪双向放码点：横向移动的基准线为前中线，此点距离前中线的宽度为$\frac{1}{4}$腰围。$x=\frac{1}{4}$腰围档差，$y=\frac{1}{6}$臀围档差。

⑫单向放码点：与④点相同。$x=\frac{1}{12}$臀围档差，$y=0$。

⑬单向放码点：横向移动的基准线为前中线，此点距离前中线的宽度为$\frac{1}{4}$臀围。$x=\frac{1}{4}$臀围档差，$y=0$。

⑭双向放码点：与⑥点相同。$x=\frac{1}{12}$臀围档差，$y=-$（裙长档差$-\frac{1}{6}$臀围档差）。

⑮双向放码点：$x=\frac{1}{4}$臀围档差，$y=-$（裙长档差$-\frac{1}{6}$臀围档差）。

（三）部件推板（图4-13）

按照图4-13中所标注的计算公式完成腰头推板。

三、系列样板

首先按照图4-14（不同基准线推板）、图4-15（相同基准线推板）所示的形式完成系列

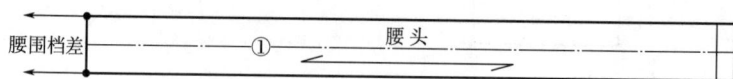

图4-13 部件推板

样板的绘制，然后分别将各个号型压印在样板纸上，再进行加放缝份和折边、文字标注、纱向标注、剪口及对位标记的标注、剪切、最后形成系列样板。

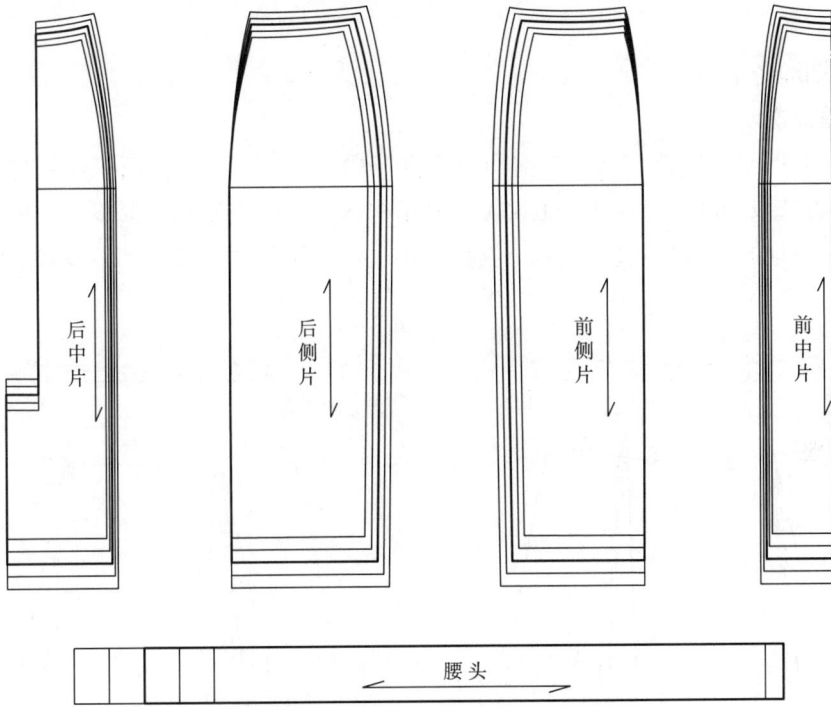

图 4-14 系列样板（不同基准线推板）

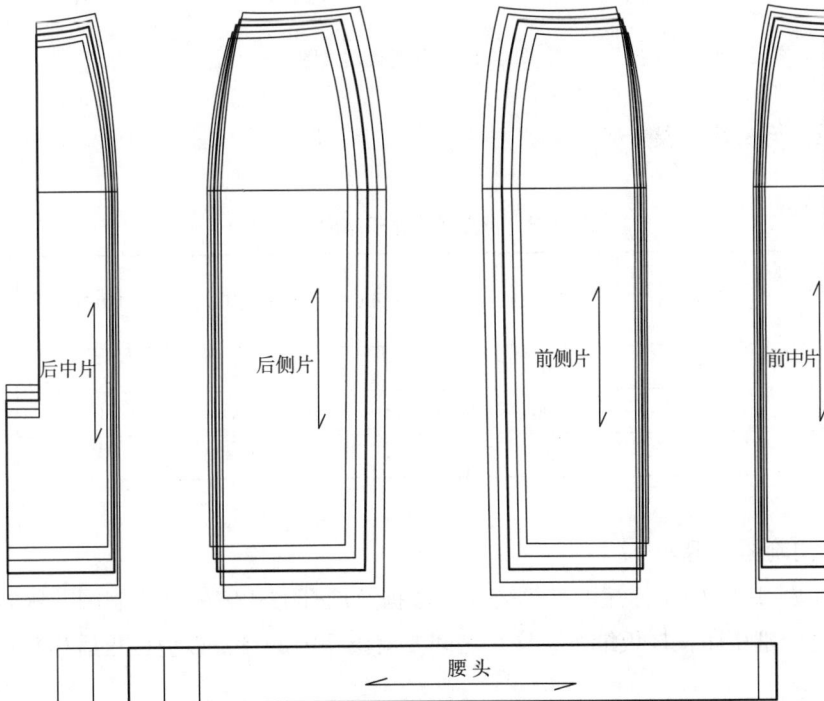

图 4-15 系列样板（相同基准线推板）

第三节　育克裙推板

一、前期准备工作

（一）推板说明

如图 4-16 所示，这是一款带有褶裥的育克短裙，侧缝绱拉链，属于四开身结构。先根据成品规格表选取中间号型规格 160/66A 绘制结构图，经修正调整后形成标准样板。选定基准线后计算各点的放缩量并进行绘制。在此例中也示范了相同基准线和不同基准线两种不同方式的推板。

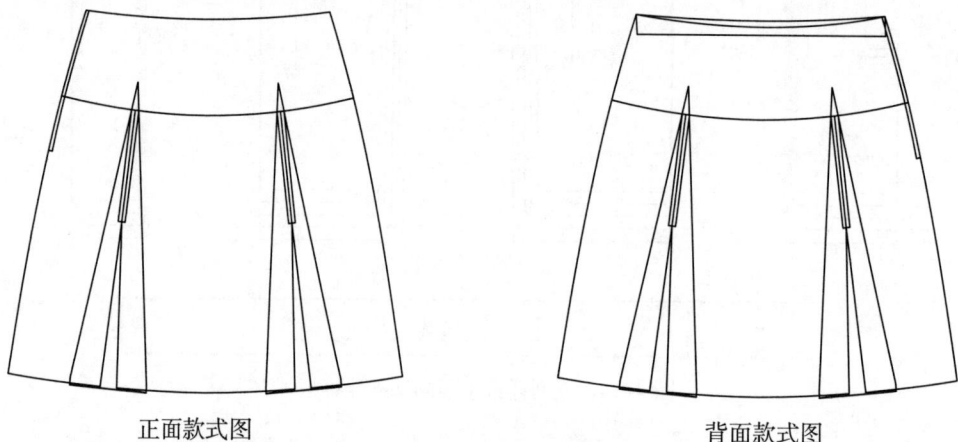

正面款式图　　　　　　　　　　　　背面款式图

图 4-16　育克裙款式图

（二）规格与档差（表 4-3）

表 4-3　育克裙成品规格表　　　　　　　　　　　　　　　　单位：cm

规　格 ＼ 部　位	150/58A	155/62A	160/66A	165/70A	170/74A	档　差
腰　围	60	64	68	72	76	4
臀　围	86	90	94	98	102	4
裙　长	45	46.5	48	49.5	51	1.5

（三）结构制图（图 4-17）

首先按照图 4-17 中所标注的计算公式、数据及展开方式完成结构制图，然后将前裙片、后裙片、育克分别压印在样板纸上，样片之间要留出一定的量，以免推板后相互重叠。

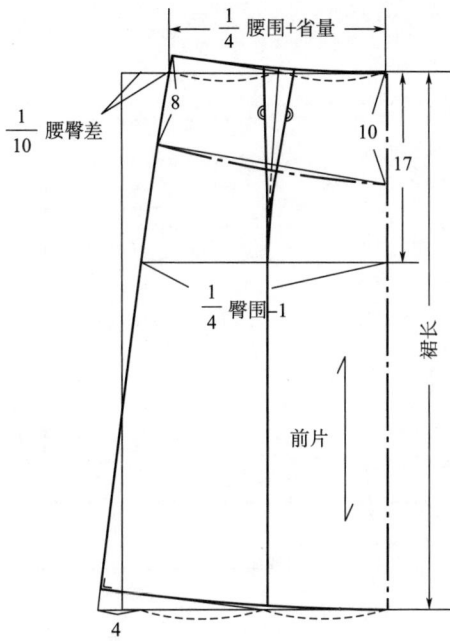
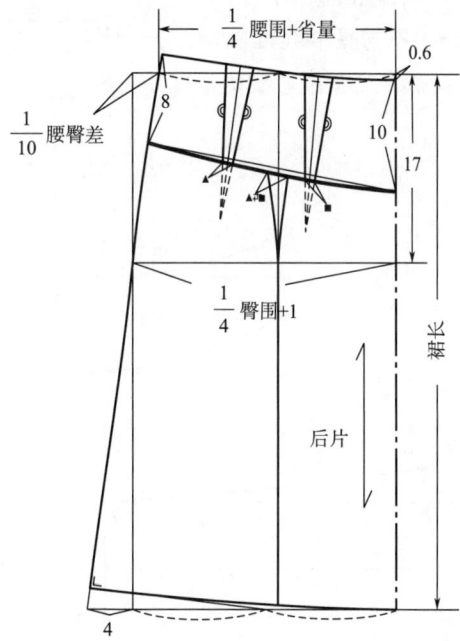

(a)

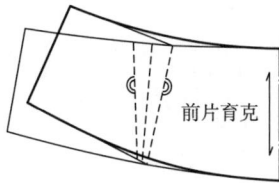
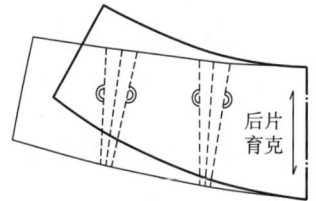

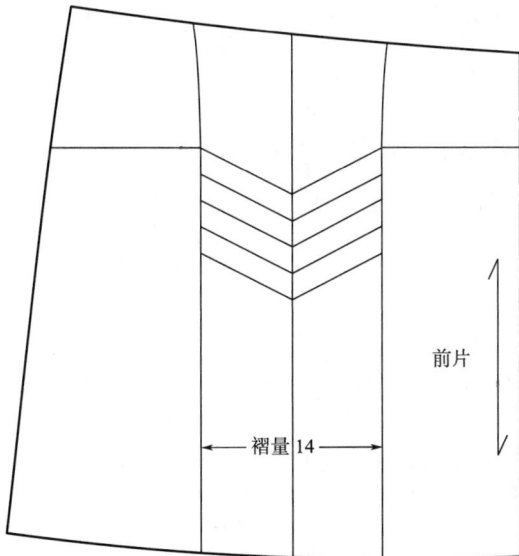
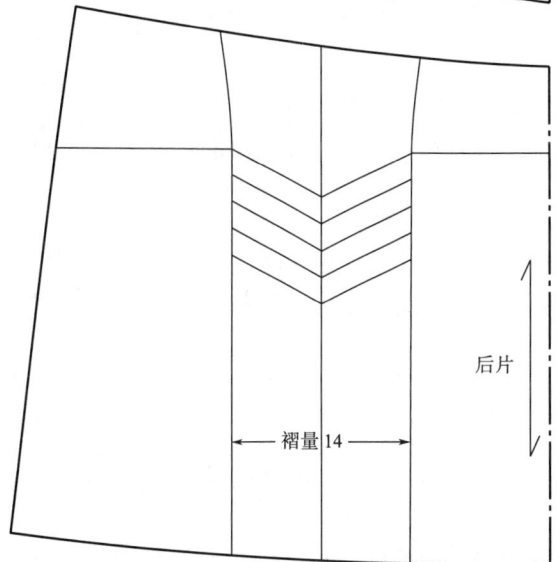

(b)

图 4-17 育克裙结构制图

二、具体推板操作

（一）不同基准线推板

1. 前片、前育克推板（图4-18）

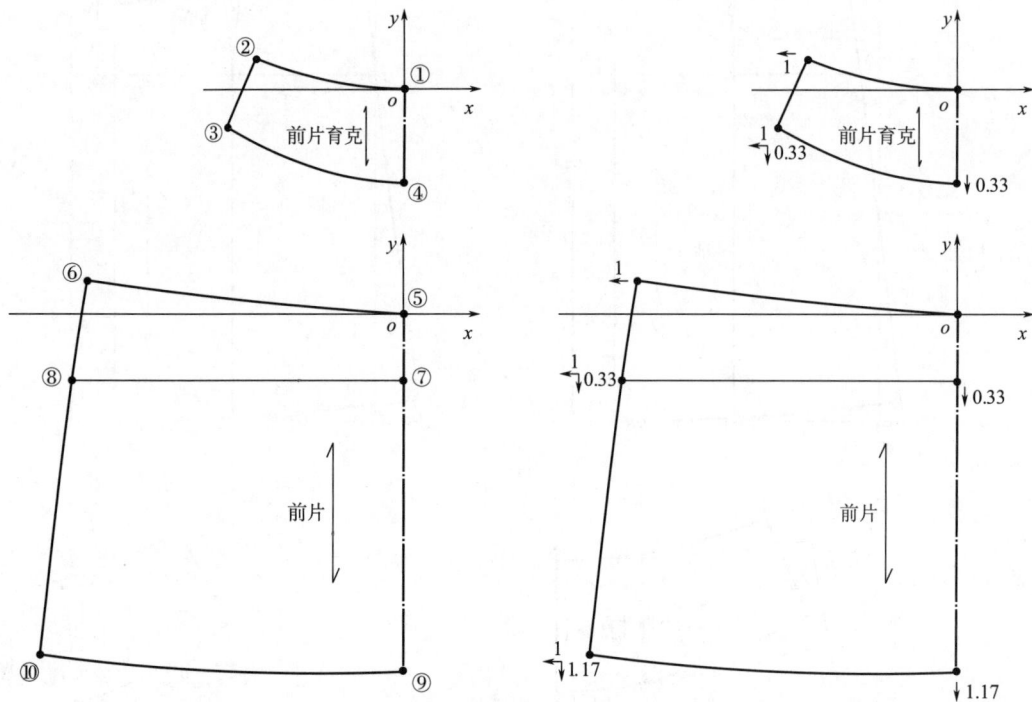

图4-18　前片、前育克推板

①固定点：两条基准线的相交点，是坐标轴的原点，故此点为固定点。$x=0$，$y=0$。

②单向放码点：处在横向基准线附近，故其只有横向变化。育克的宽度为$\frac{1}{4}$腰围，故横向沿 x 轴向左取$\frac{1}{4}$腰围档差。$x=-\frac{1}{4}$腰围档差，$y=0$。

③双向放码点：前片育克的宽度为$\frac{1}{4}$腰围，高度是腰臀高的$\frac{1}{2}$。故此点横向沿 x 轴向左取$\frac{1}{4}$腰围档差，纵向沿 y 轴向下取$\frac{1}{6}$臀围档差 $\times \frac{1}{2}$。$x=-\frac{1}{4}$腰围档差，$y=-\frac{1}{12}$臀围档差。

④单向放码点：$x=0$，$y=-\frac{1}{12}$臀围档差。

⑤固定点：两条基准线的相交点，是坐标轴的原点，故此点为固定点。$x=0$，$y=0$。

⑥单向放码点：处在横向基准线附近，故其只有横向变化。前片的宽度参考值为$\frac{1}{4}$臀围，

且褶的宽度不变，故横向沿 x 轴向左取 $\dfrac{1}{4}$ 腰围档差。$x=-\dfrac{1}{4}$ 腰围档差，$y=0$。

⑦单向放码点：该点虽然在臀围线上，但样片的横向基准线是上边缘线，故此点纵向也要产生放缩。该点横向不移动，纵向沿 y 轴向下取腰臀长度档差的一半，即 $\dfrac{1}{6}$ 臀围档差 $\times \dfrac{1}{2}$。$x=0$，$y=-\dfrac{1}{12}$ 臀围档差。

⑧双向放码点：横向放缩量与⑥点相同，纵向放缩量与⑦点相同。$x=-\dfrac{1}{4}$ 腰围档差，$y=-\dfrac{1}{12}$ 臀围档差。

⑨单向放码点：处在纵向基准线上，横向不移动，纵向沿 y 轴向下取裙长档差减去育克的高度变化 $\dfrac{1}{12}$ 臀围档差。$x=0$，$y=-$（裙长档差 $-\dfrac{1}{12}$ 臀围档差）。

⑩双向放码点：裙摆宽度变化量与臀围变化量相同。$x=-\dfrac{1}{4}$ 腰围档差，$y=-$（裙长档差 $-\dfrac{1}{12}$ 臀围档差）。

2. 后片、后育克推板（图 4-19）

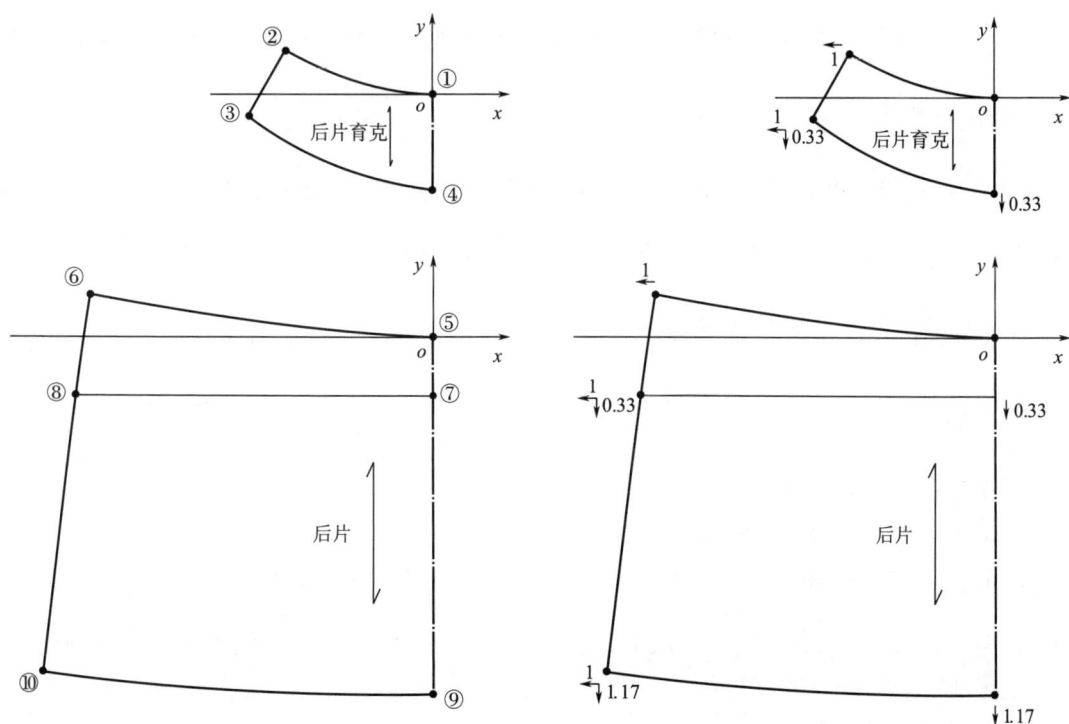

图 4-19　后片、后育克推板

①固定点：两条基准线的相交点，是坐标轴的原点，故此点为固定点。$x=0$，$y=0$。

②单向放码点：处在横向基准线附近，故其只有横向变化，纵向不变化。育克的宽度为 $\frac{1}{4}$ 腰围，横向沿 x 轴向左取 $\frac{1}{4}$ 腰围档差。$x=-\frac{1}{4}$ 腰围档差，$y=0$。

③双向放码点：后片育克的宽度为 $\frac{1}{4}$ 腰围，高度是腰臀高的 $\frac{1}{2}$。故此点横向沿 x 轴向左取 $\frac{1}{4}$ 腰围档差，纵向沿 y 轴向下取 $\frac{1}{6}$ 臀围档差 $\times \frac{1}{2}$。$x=-\frac{1}{4}$ 腰围档差，$y=-\frac{1}{12}$ 臀围档差。

④单向放码点：$x=0$，$y=-\frac{1}{12}$ 臀围档差。

⑤固定点：两条基准线的相交点，是坐标轴的原点，故此点为固定点。$x=0$，$y=0$。

⑥单向放码点：处在横向基准线附近，故只有横向变化。后片的宽度参考值为 $\frac{1}{4}$ 臀围，且褶的宽度不变，故横向沿 x 轴向左取 $\frac{1}{4}$ 腰围档差。$x=-\frac{1}{4}$ 腰围档差，$y=0$。

⑦单向放码点：该点虽然在臀围线上，但推板的横向基准线是上边缘线，故此点纵向也要产生放缩。该点横向不移动，纵向沿 y 轴向下取腰臀长度档差的一半，即 $\frac{1}{6}$ 臀围档差 $\times \frac{1}{2}$。$x=0$，$y=-\frac{1}{12}$ 臀围档差。

⑧双向放码点：横向放缩量与⑥点相同，纵向放缩量与⑦点相同。$x=-\frac{1}{4}$ 腰围档差，$y=-\frac{1}{12}$ 臀围档差。

⑨单向放码点：处在纵向基准线上，横向不移动，纵向沿 y 轴向下取裙长档差减去育克的高度变化 $\frac{1}{12}$ 臀围档差。$x=0$，$y=-$（裙长档差 $-\frac{1}{12}$ 臀围档差）。

⑩双向放码点：裙摆宽度变化量与臀围变化量相同。$x=-\frac{1}{4}$ 腰围档差，$y=-$（裙长档差 $-\frac{1}{12}$ 臀围档差）。

（二）相同基准线推板

1. 前片、前育克推板（图4-20）

①固定点：两条基准线的相交点，是坐标轴的原点，故此点为固定点，$x=0$，$y=0$。

②单向放码点：处在横向基准线上，故只在横向产生移动，沿 x 轴向左取 $\frac{1}{4}$ 臀围档差。$x=-\frac{1}{4}$ 臀围档差，$y=0$。

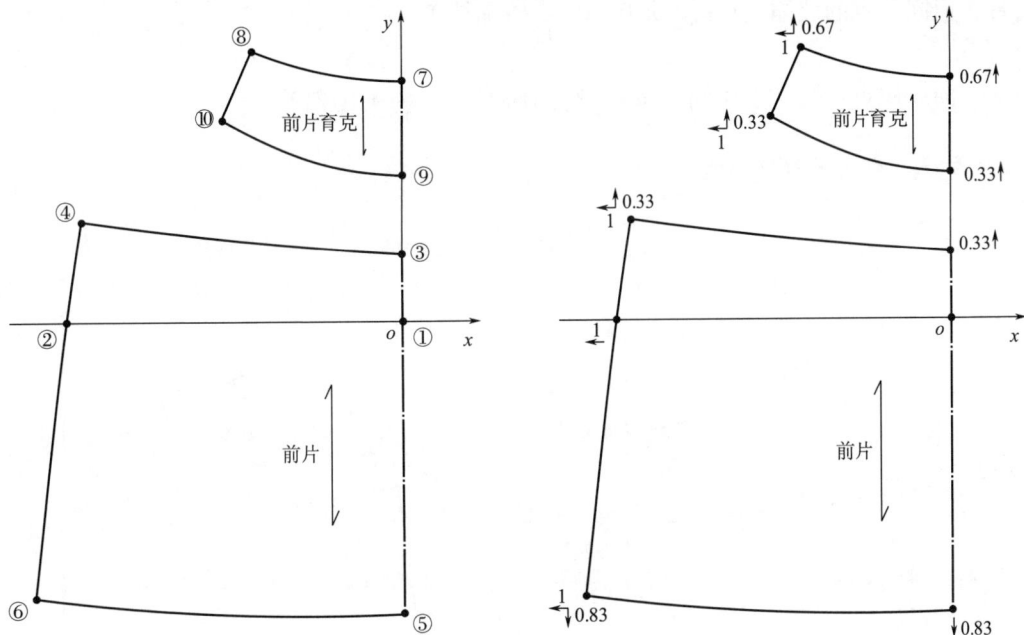

图 4-20　前片、前育克推板

③单向放码点：处在纵向基准线上，横向不移动，纵向沿 y 轴向上取 $\frac{1}{6}$ 臀围档差 $\times \frac{1}{2}$。 $x=0$，$y=\frac{1}{12}$ 臀围档差。

④双向放码点：$x=-\frac{1}{4}$ 臀围档差，$y=\frac{1}{12}$ 臀围档差。

⑤单向放码点：处在纵向基准线上，横向不移动。因臀围线为横向基准线，故纵向沿 y 轴向下取裙长档差减去腰臀高度的变化量 $\frac{1}{6}$ 臀围档差。$x=0$，$y=-$（裙长档差 $-\frac{1}{6}$ 臀围档差）。

⑥双向放码点：$x=-\frac{1}{4}$ 臀围档差，$y=-$（裙长档差 $-\frac{1}{6}$ 臀围档差）。

⑦单向放码点：横向不移动，因臀围线为横向基准线，故该点纵向沿 y 轴向上取 $\frac{1}{6}$ 臀围档差。$x=0$，$y=\frac{1}{6}$ 臀围档差。

⑧双向放码点：横向沿 x 轴向左取 $\frac{1}{4}$ 臀围档差，纵向变化与⑦点相同。$x=-\frac{1}{4}$ 臀围档差，$y=\frac{1}{6}$ 臀围档差。

⑨单向放码点：与③点相同。因为采用了相同的基准线，所以分割线上的点虽属于不同

的样片，但同一点的放缩量相同。$x=0$，$y=\dfrac{1}{12}$臀围档差。

⑩双向放码点：与④点相同。$x=-\dfrac{1}{4}$臀围档差，$y=\dfrac{1}{12}$臀围档差。

2. 后片、后育克推板（图4-21）

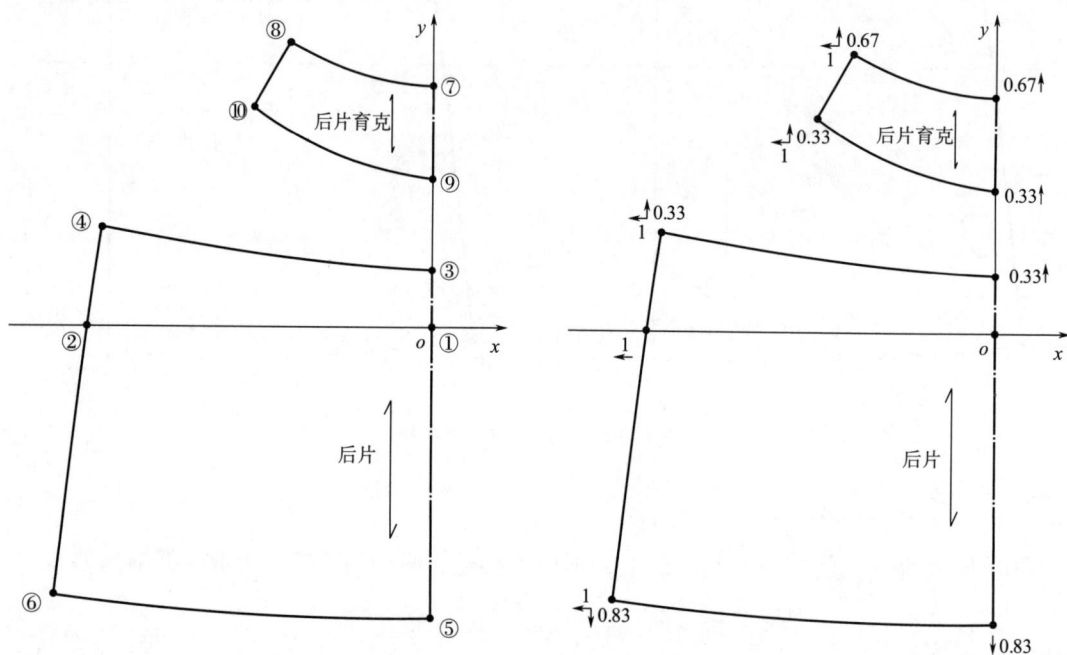

图4-21　后片、后育克推板

①固定点：两条基准线的相交点，是坐标轴的原点，故此点为固定点，$x=0$，$y=0$。

②单向放码点：处在横向基准线之上，故只在横向产生移动，沿 x 轴向左取$\dfrac{1}{4}$臀围档差。$x=-\dfrac{1}{4}$臀围档差，$y=0$。

③单向放码点：处在纵向基准线上，横向不移动，纵向沿 y 轴向上取$\dfrac{1}{6}$臀围档差 $\times \dfrac{1}{2}$。$x=0$，$y=\dfrac{1}{12}$臀围档差。

④双向放码点：$x=-\dfrac{1}{4}$臀围档差，$y=\dfrac{1}{12}$臀围档差。

⑤单向放码点：处在纵向基准线上，横向不移动，因臀围线为横向基准线，故纵向沿 y 轴向下取裙长档差减去腰臀的高度变化$\dfrac{1}{6}$臀围档差。$x=0$，$y=-$（裙长档差$-\dfrac{1}{6}$臀围档差）。

⑥双向放码点：$x=-\dfrac{1}{4}$臀围档差，$y=-$（裙长档差$-\dfrac{1}{6}$臀围档差）。

⑦单向放码点：横向不移动，因横向基准线为臀围线，故该点纵向沿y轴向上取$\dfrac{1}{6}$臀围档差。$x=0$，$y=\dfrac{1}{6}$臀围档差。

⑧双向放码点：横向沿x轴向左取$\dfrac{1}{4}$臀围档差，纵向变化与⑦点相同。$x=-\dfrac{1}{4}$臀围档差，$y=\dfrac{1}{6}$臀围档差。

⑨单向放码点：与③点相同。因为分割片采用了相同的基准线，所以分割线上的点虽属于不同的样片，但同一点的放缩量相同。$x=0$，$y=\dfrac{1}{12}$臀围档差。

⑩双向放码点：与④点相同。$x=-\dfrac{1}{4}$臀围档差，$y=\dfrac{1}{12}$臀围档差。

三、系列样板

首先按照图 4-22（不同基准线推板）、图 4-23（相同基准线推板）所示的形式完成系列样板的绘制，然后分别将各个号型压印在样板纸上，再进行加放缝份和折边、文字标注、纱向标注、剪口及对位标记的标注、剪切、最后形成系列样板。

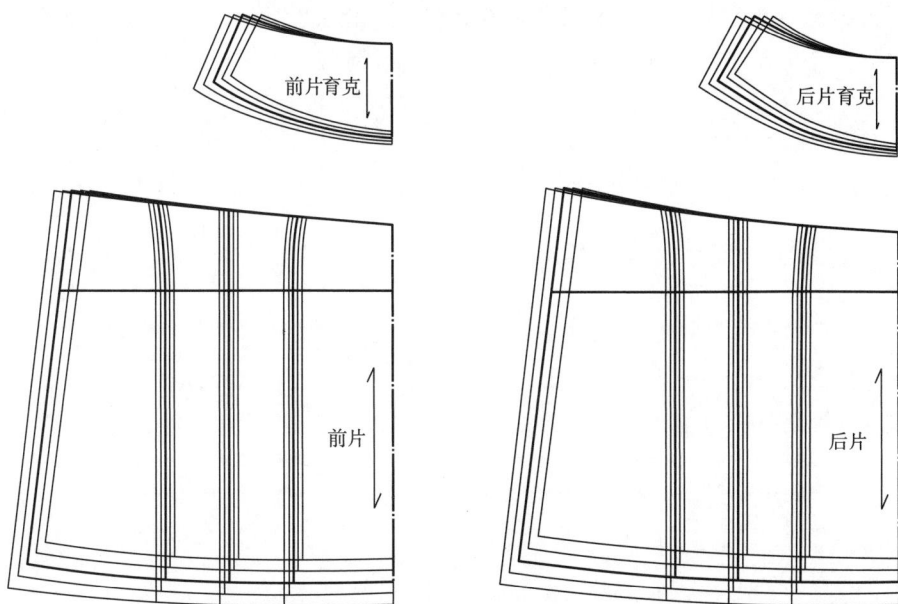

图 4-22　系列样板（不同基准线推板）

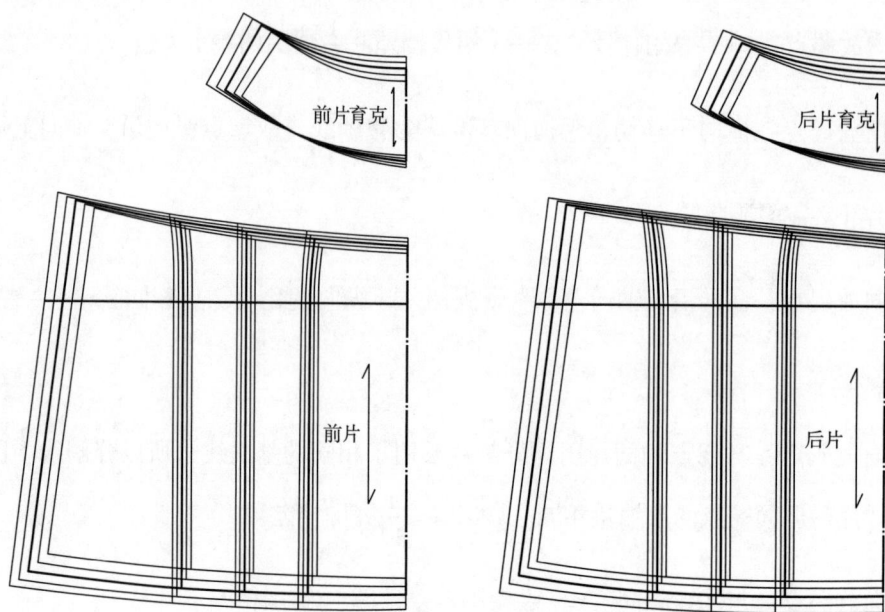

图 4-23 系列样板（相同基准线推板）

参考习题

1. 裙装推板中的基准线一般设置在什么位置？
2. 在裙装推板中如何确定省道的位置变化？
3. 在裙装推板中开衩如何变化？
4. 裙类推板中腰口线的纵向移动量怎样计算？为什么？
5. 设计5个号型带有分割线的裙子规格表并完成推板。

第五章　裤类推板

第一节　普通女长裤推板

一、前期准备工作

（一）推板说明

如图 5-1 所示，普通女长裤的臀围以上部位由四片构成，脚口及裤管由两片构成。根据成品规格表选取中间号型规格 166/66A 绘制结构图，经修正调整后形成标准样板。推板时先选定前后裤中线为纵向基准线，立裆深线为横向基准线，再分别计算各放码点的长度、围度方向的放缩数值。

正面款式图　　　　　　　　　　　　背面款式图

图 5-1　女长裤款式图

（二）规格与档差（表5-1）

表5-1　女长裤成品规格表

单位：cm

规格 部位	150/58A	155/62A	160/66A	165/70A	170/74A	档差
腰围	62	66	70	74	78	4
臀围	86	90	94	98	102	4
裤长	95	98	101	104	107	3
脚口围	42	43	44	45	46	1

（三）结构制图（图5-2）

首先按照图5-2中所标注的计算公式及数据完成结构制图，然后将前裤片、后裤片、底

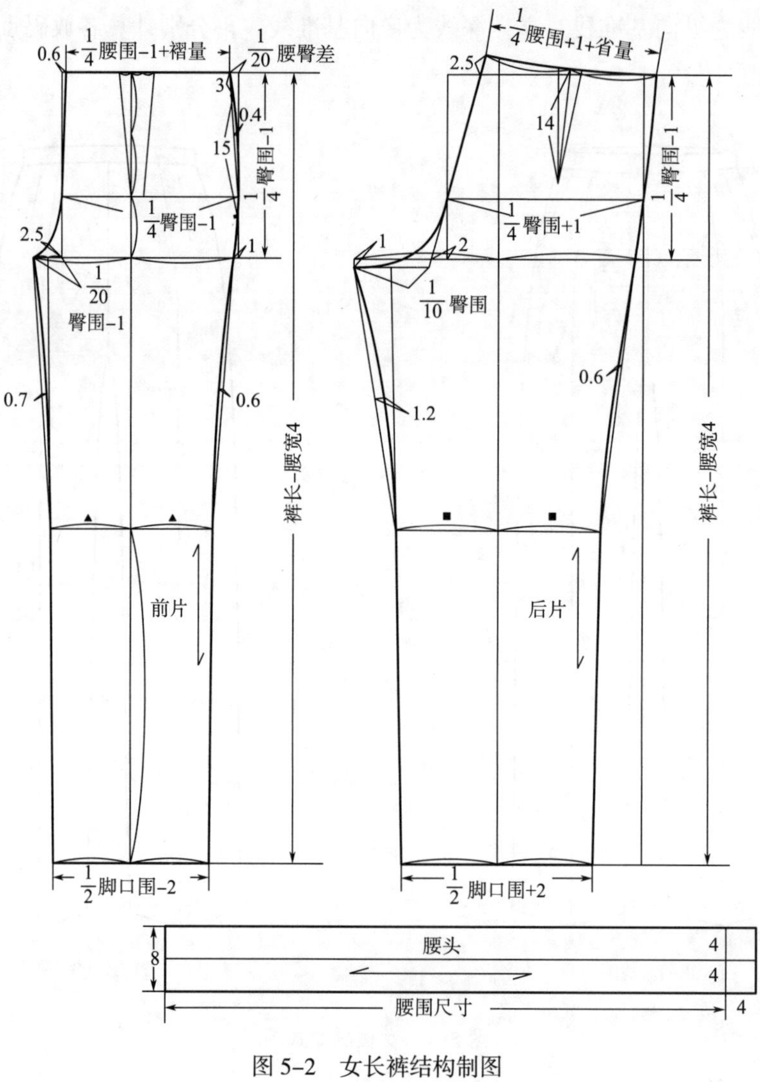

图5-2　女长裤结构制图

襟、门襟、腰头、垫袋布分别压印在样板纸上，样片之间要留出一定的量，以免推板后相互重叠。

二、具体推板操作

（一）前片推板（图5-3）

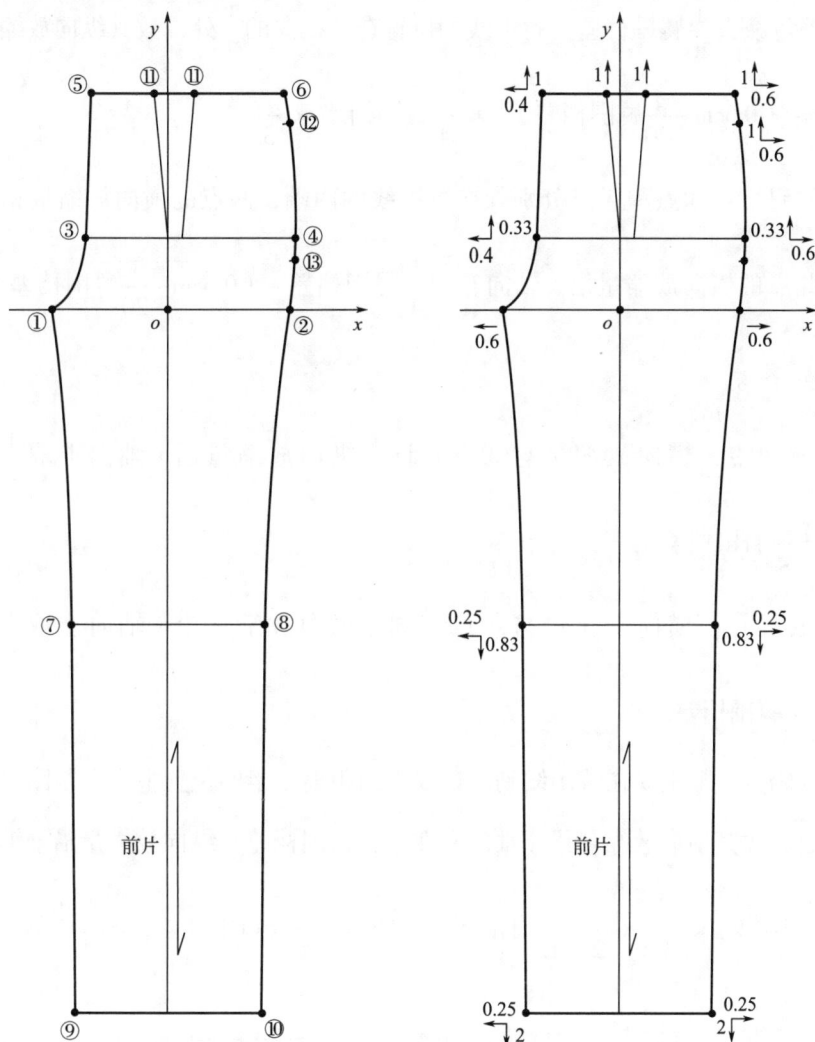

图5-3 前片推板

此例中推板基准线选定为裤中线和立裆深线。横裆处的围度变化量为$\frac{1}{4}$臀围档差加上小裆宽档差，即$\frac{1}{4}$臀围档差$+\frac{1}{20}$臀围档差$=1.2\text{cm}$，因裤中线在横裆线的$\frac{1}{2}$处，故图中①点和②点平分1.2cm的横向变化量，两点的横向放缩量均为$\frac{1.2}{2}=0.6\text{cm}$。

①单向放码点：处在横向基准线上，故只在横向变化，沿x轴向左取（$\frac{1}{4}$臀围档差$+\frac{1}{20}$

臀围档差）× $\frac{1}{2}$。x=-0.6cm，y=0。

②单向放码点：横向沿 x 轴向右取（$\frac{1}{4}$臀围档差+$\frac{1}{20}$臀围档差）× $\frac{1}{2}$。x=0.6cm，y=0。

③双向放码点：该点距离裤中线的横向距离比①点少小裆的宽度，故其横向放缩量是①点的横向放缩量减去$\frac{1}{20}$臀围档差。臀围线的位置在立裆深的$\frac{1}{3}$处，故其纵向放缩量是立裆深档差的$\frac{1}{3}$。x=-（0.6cm-$\frac{1}{20}$臀围档差），y=$\frac{1}{4}$臀围档差 × $\frac{1}{3}$。

④双向放码点：③点和④点分别处在臀围线的两端，两点的横向放缩量相加应为$\frac{1}{4}$臀围档差，故此点的横向放缩量沿 x 轴向右取$\frac{1}{4}$臀围档差 –（0.6cm-$\frac{1}{20}$臀围档差）。x=0.6cm，y=$\frac{1}{4}$臀围档差 × $\frac{1}{3}$。

⑤双向放码点：横向放缩量与③点相同，纵向放缩量沿 y 轴向上取$\frac{1}{4}$臀围档差。x=-0.4cm，y=$\frac{1}{4}$臀围档差。

⑥双向放码点：横向变化量与④点相同，纵向放缩量沿 y 轴向上取$\frac{1}{4}$臀围档差。x=0.6cm，y=$\frac{1}{4}$臀围档差。

⑦双向放码点：膝围线在臀围线到脚口线纵向距离一半的位置上，在制图时其宽度根据脚口围来确定，故其横向放缩量沿 x 轴向左取$\frac{1}{4}$脚口围档差，纵向放缩量沿 y 轴向下取（裤长档差 –$\frac{1}{4}$臀围档差 × $\frac{2}{3}$）× $\frac{1}{2}$–$\frac{1}{12}$臀围档差。即 x=-$\frac{1}{4}$脚口围档差，y=-（$\frac{1}{2}$裤长档差 –$\frac{1}{6}$臀围档差）。

⑧双向放码点：x=$\frac{1}{4}$脚口围档差，y=-（$\frac{1}{2}$裤长档差 –$\frac{1}{6}$臀围档差）。

⑨双向放码点：x=-$\frac{1}{4}$脚口围档差，y=-（裤长档差 –$\frac{1}{4}$臀围档差）。

⑩双向放码点：x=$\frac{1}{4}$脚口围档差，y=-（裤长档差 –$\frac{1}{4}$臀围档差）。

⑪单向放码点：x=0，y=$\frac{1}{4}$臀围档差。

⑫双向放码点：袋位开始点，其变化量同⑥点。x=0.6cm，y=$\frac{1}{4}$臀围档差。

⑬双向放码点：侧缝斜插袋长度档差为 0.5cm，故此点应在⑫点完成移动后，沿侧缝重新量取口袋长度，保证其 0.5cm 的档差变化即可。

（二）后片推板（图5-4）

后片的推板基准线为裤中线和立裆深线。横裆处的围度变化量为 $\frac{1}{4}$ 臀围档差加上大裆宽档差，即 $\frac{1}{4}$ 臀围档差 $+\frac{1}{10}$ 臀围档差 $=1.4$cm，因裤中线在横裆线的 $\frac{1}{2}$ 处，故图中①点和②点平分 1.4cm 的横向变化量，两点的横向放缩量均为 $\frac{1.4}{2}=0.7$cm。

①单向放码点：处在横向基准线上，故只在横向变化。$x=-\left(\frac{1}{4}\right.$ 臀围档差 $+\frac{1}{10}$ 臀围档差 $)\times\frac{1}{2}$。$x=-0.7$cm，$y=0$。

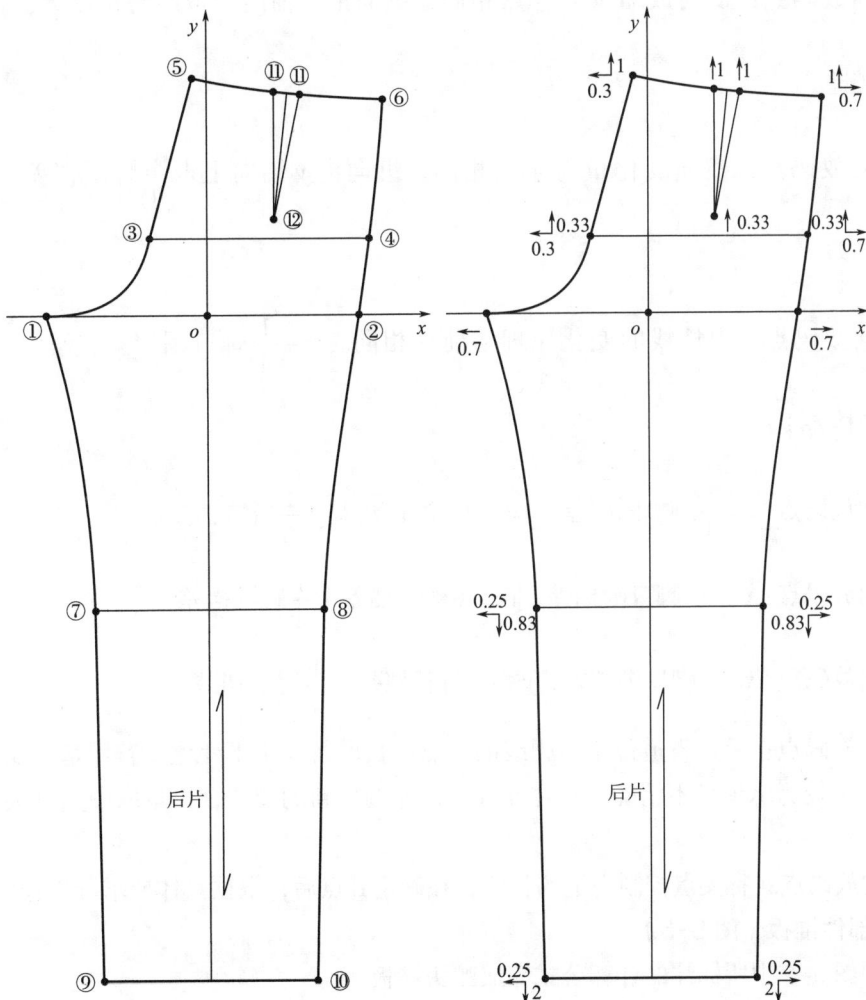

图 5-4 后片推板

②单向放码点：横向沿 x 轴向右取（$\frac{1}{4}$臀围档差 $+\frac{1}{10}$臀围档差）$\times\frac{1}{2}$。$x=0.7\text{cm}$，$y=0$。

③双向放码点：该点距离裤中线的横向距离比①点少大裆的宽度，故其横向变化量是①点的横向放缩量减去$\frac{1}{10}$臀围档差。臀围线的位置在立裆深的$\frac{1}{3}$处，故其纵向放缩量是立裆深档差的$\frac{1}{3}$。$x=-$（$0.7\text{cm}-\frac{1}{10}$臀围档差），$y=\frac{1}{4}$臀围档差 $\times\frac{1}{3}$。

④双向放码点：③点和④点分别处在臀围线的两端，两点的横向放缩量相加应为$\frac{1}{4}$臀围档差，故④点的横向放缩量为沿 x 轴向右取$\frac{1}{4}$臀围档差 $-$（$0.7\text{cm}-\frac{1}{10}$臀围档差）。$x=0.7\text{cm}$，$y=\frac{1}{4}$臀围档差 $\times 1/3$。

⑤双向放码点：横向放缩量与③点相同，纵向沿 y 轴向上取$\frac{1}{4}$臀围档差。$x=-0.3\text{cm}$，$y=\frac{1}{4}$臀围档差。

⑥双向放码点：横向变化量与④点相同，纵向沿 y 轴向上取$\frac{1}{4}$臀围档差。$x=0.7\text{cm}$，$y=\frac{1}{4}$臀围档差。

⑦双向放码点：中档线的变化原理与前片相同。$x=-\frac{1}{4}$脚口围档差，$y=-$（$\frac{1}{2}$裤长档差 $-\frac{1}{6}$臀围档差）。

⑧双向放码点：$x=\frac{1}{4}$脚口围档差，$y=-$（$\frac{1}{2}$裤长档差 $-\frac{1}{6}$臀围档差）。

⑨双向放码点：$x=-\frac{1}{4}$脚口围档差，$y=-$（裤长档差 $-\frac{1}{4}$臀围档差）。

⑩双向放码点：$x=\frac{1}{4}$脚口围档差，$y=-$（裤长档差 $-\frac{1}{4}$臀围档差）。

⑪双向放码点：后片省道位于后腰线的中点，长度及大小不变化。若用基准线及原点来推算其移动量较为麻烦且不精确。故在此处可以先画出新的腰线，再量取中点直接画出省道即可。

⑫双向放码点：省尖点控制省道的长度，在确定⑪点后，根据具体要求画出长度即可。

（三）部件推板（图5-5）
①按照图5-5中所标注的计算公式完成腰头推板。
②按照图5-5中所标注的计算公式完成门襟及底襟推板。
③按照图5-5中所标注的计算公式完成垫袋布的推板。

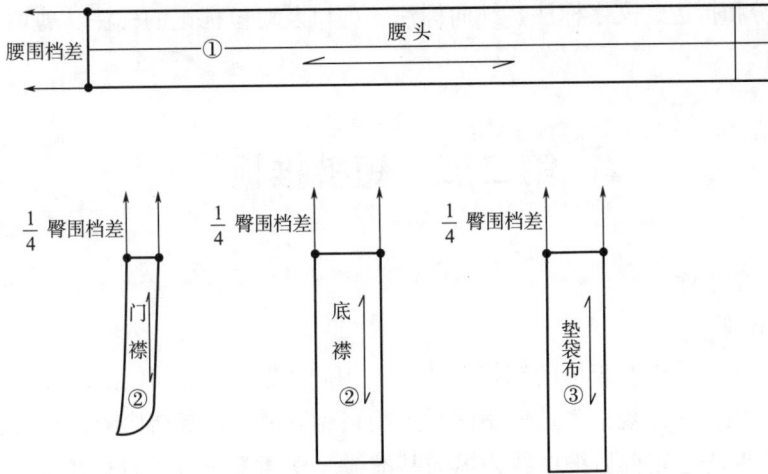

图 5-5 部件推板

三、系列样板

首先按照图 5-6 所示的形式完成系列样板的绘制，然后分别将各个号型压印在样板纸上，

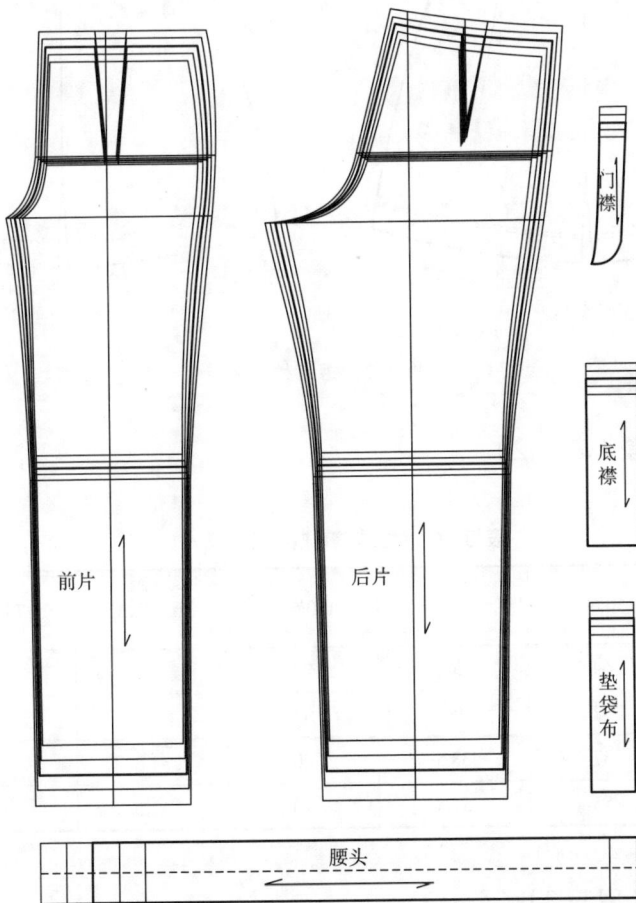

图 5-6 系列样板

再进行加放缝份和折边、文字标注、纱向标注、剪口及对位标记的标注、剪切，最后形成系列样板。

第二节　短裤推板

一、前期准备工作

（一）推板说明

如图 5-7 所示，短裤与长裤的结构形式基本相同，臀围以上部位由四片构成，脚口及裤管由两片构成。根据成品规格表选取中间号型规格 160/68A 绘制结构图，经修正调整后形成标准样板。推板时先选定前后裤中线为纵向基准线，立裆深线为横向基准线，再分别计算各放码点的长度、围度方向的放缩数值。

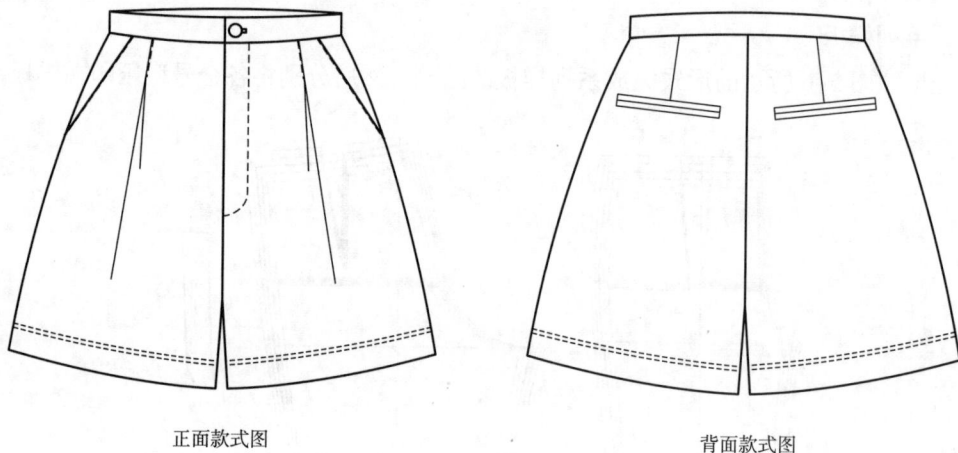

正面款式图　　　　　　　背面款式图

图 5-7　短裤款式图

（二）规格与档差（表 5-2）

表 5-2　女式短裤成品规格表　　　　　单位：cm

部 位 ＼ 规 格	150/60A	155/64A	160/68A	165/72A	170/76A	档 差
腰 围	64	68	72	76	80	4
臀 围	92	96	100	104	108	4
裤 长	37	38.5	40	41.5	43	1.5
脚口围	55	57.5	60	62.5	65	2.5

（三）结构制图（图 5-8）

首先按照图 5-8 中所标注的计算公式及数据完成结构制图，然后将前裤片、后裤片、腰头等部件分别压印在样板纸上，样片之间要留出一定的量，以免推板后相互重叠。

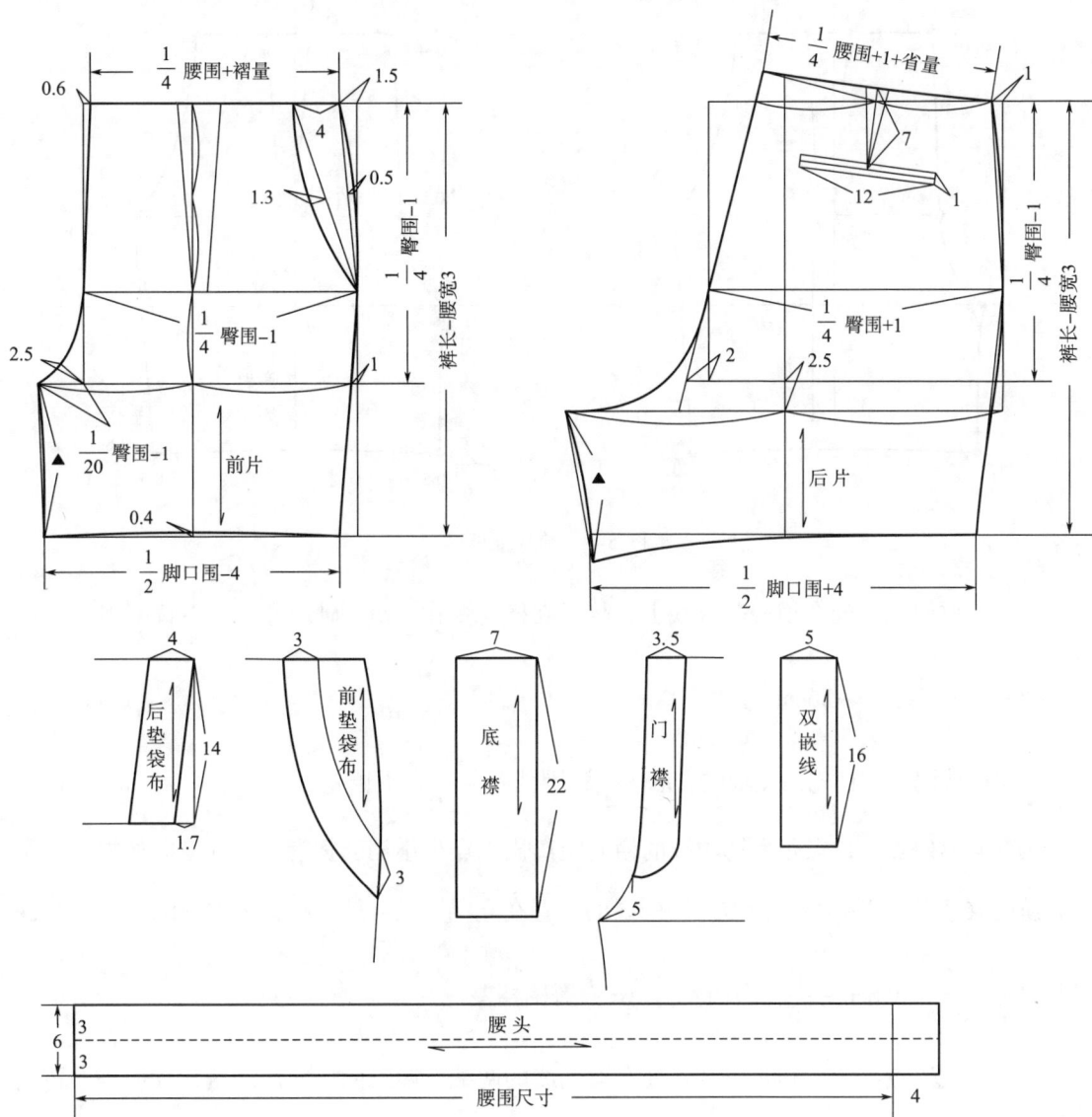

图 5-8　短裤结构制图

二、具体推板操作

（一）前片推板（图 5-9）

此例中推板基准线选定为裤中线和立裆深线。横裆处的围度变化量为$\frac{1}{4}$臀围档差加上小裆宽档差，即$\frac{1}{4}$臀围档差 $+\frac{1}{20}$臀围档差 $=1.2\text{cm}$，因裤中线在横裆线的$\frac{1}{2}$处，故图中①点和②点平分 1.2cm 的横向变化量，两点的横向放缩量均为$\frac{1.2}{2}=0.6\text{cm}$。

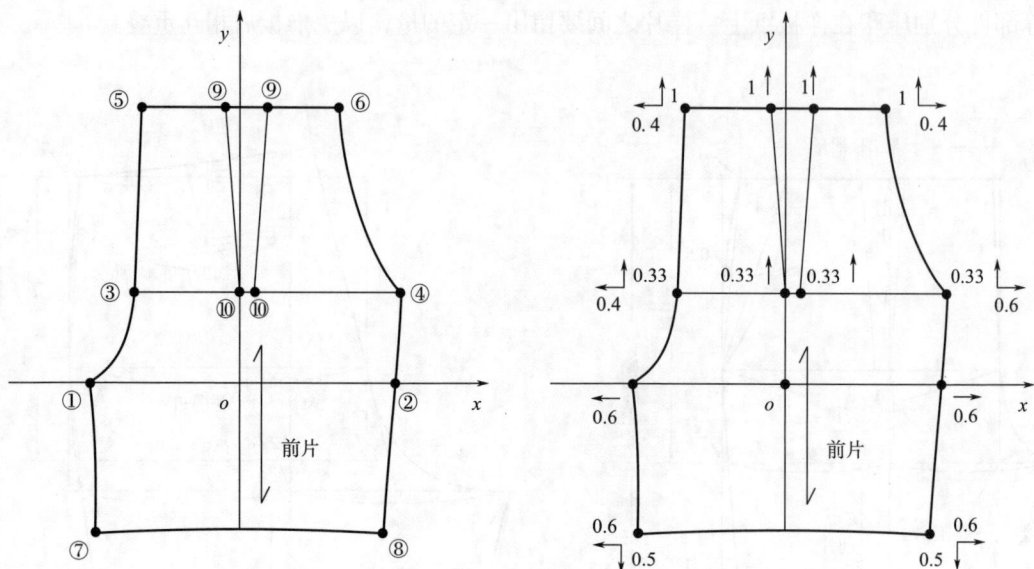

图 5-9　前片推板

①单向放码点：处在横向基准线上，故只在横向变化，沿 x 轴向左取（$\frac{1}{4}$ 臀围档差 $+\frac{1}{20}$ 臀围档差）$\times \frac{1}{2}$。$x=-0.6\text{cm}$，$y=0$。

②单向放码点：横向沿 x 轴向右取（$\frac{1}{4}$ 臀围档差 $+\frac{1}{20}$ 臀围档差）$\times \frac{1}{2}$。$x=0.6\text{cm}$，$y=0$。

③双向放码点：该点距离裤中线的横向距离比①点少小裆的宽度，故其横向放缩量是① 点的横向放缩量减去 $\frac{1}{20}$ 臀围档差。臀围线的位置在立裆深的 $\frac{1}{3}$ 处，故其纵向放缩量是立裆深 档差的 $\frac{1}{3}$。$x=-$（$0.6\text{cm}-\frac{1}{20}$ 臀围档差），$y=\frac{1}{4}$ 臀围档差 $\times \frac{1}{3}$。

④双向放码点：③点和④点分别处在臀围线的两端，两点的横向放缩量相加应为 $\frac{1}{4}$ 臀围 档差，故此点横向沿 x 轴向右取 $\frac{1}{4}$ 臀围档差 $-$（$0.6\text{cm}-\frac{1}{20}$ 臀围档差），纵向放缩量与③点相同。 $x=0.6\text{cm}$，$y=\frac{1}{4}$ 臀围档差 $\times \frac{1}{3}$。

⑤双向放码点：横向放缩量与③点相同，纵向放缩量沿 y 轴向上取 $\frac{1}{4}$ 臀围档差。$x=-$ 0.4cm，$y=\frac{1}{4}$ 臀围档差。

⑥双向放码点：横向放缩量需考虑前袋的横向变化，本例中口袋的横向变化量取 0.2cm， 故此点横向放缩量沿 x 轴向右取 0.6cm 减去口袋宽度档差 0.2cm，纵向放缩量与⑤点相同。

x=0.4cm，y=$\dfrac{1}{4}$臀围档差。

⑦双向放码点：x=－$\dfrac{1}{4}$脚口围档差，y=－（裤长档差 －$\dfrac{1}{4}$臀围档差）。

⑧双向放码点：x=$\dfrac{1}{4}$脚口围档差，y=－（裤长档差 －$\dfrac{1}{4}$臀围档差）。

⑨单向放码点：x=0，y=$\dfrac{1}{4}$臀围档差。

⑩单向放码点：x=0，y=$\dfrac{1}{4}$臀围档差 ×$\dfrac{1}{3}$。

（二）后片推板（图5-10）

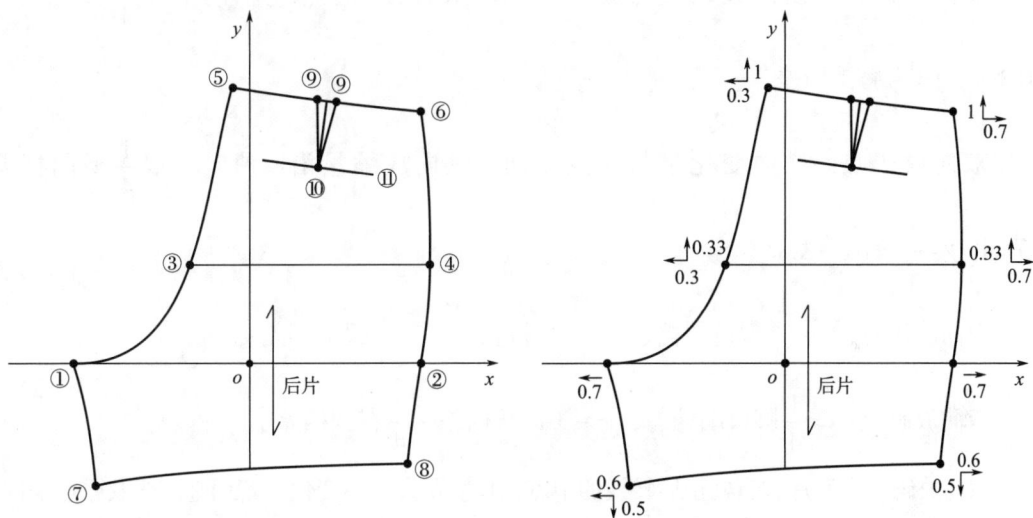

图5-10　后片推板

后片的推板基准线为裤中线和立裆深线。横裆处的围度变化量为$\dfrac{1}{4}$臀围档差加上大裆宽档差，即$\dfrac{1}{4}$臀围档差 ＋$\dfrac{1}{10}$臀围档差 =1.4cm，因裤中线在横裆线的$\dfrac{1}{2}$处，故图中①点和②点平分1.4cm的横向变化量，两点的横向放缩量均为$\dfrac{1.4}{2}$=0.7cm。

①单向放码点：处在横向基准线上，故只有横向变化。x=－（$\dfrac{1}{4}$臀围档差 ＋$\dfrac{1}{10}$臀围档差）× $\dfrac{1}{2}$。x=-0.7cm，y=0。

②单向放码点：横向沿 x 轴向右取（$\dfrac{1}{4}$臀围档差 ＋$\dfrac{1}{10}$臀围档差）× $\dfrac{1}{2}$。x=0.7cm，y=0。

③双向放码点：该点距离裤中线的横向距离比①点少一个大裆的宽度，故其横向变化量是①点的横向放缩量减去$\frac{1}{10}$臀围档差。臀围线的位置在立裆深的$\frac{1}{3}$处，故其纵向放缩量是立裆深档差的$\frac{1}{3}$。$x=-\left(0.7\text{cm}-\frac{1}{10}\text{臀围档差}\right)$，$y=\frac{1}{4}\text{臀围档差}\times\frac{1}{3}$。

④双向放码点：③点和④点分别处在臀围线的两端，两点的横向放缩量相加应为$\frac{1}{4}$臀围档差，故此点的横向放缩量为沿x轴向右取$\frac{1}{4}$臀围档差$-\left(0.7\text{cm}-1/10\text{臀围档差}\right)$。$x=0.7\text{cm}$，$y=\frac{1}{4}\text{臀围档差}\times\frac{1}{3}$。

⑤双向放码点：横向放缩量与③点相同，纵向放缩量沿y轴向上取$\frac{1}{4}$臀围档差。$x=-0.3\text{cm}$，$y=\frac{1}{4}\text{臀围档差}$。

⑥双向放码点：横向变化量与④点相同，纵向放缩量沿y轴向上取$\frac{1}{4}$臀围档差。$x=0.7\text{cm}$，$y=\frac{1}{4}\text{臀围档差}$。

⑦双向放码点：$x=-\frac{1}{4}\text{脚口围档差}$，$y=-\left(\text{裤长档差}-\frac{1}{4}\text{臀围档差}\right)$。

⑧双向放码点：$x=\frac{1}{4}\text{脚口围档差}$，$y=-\left(\text{裤长档差}-\frac{1}{4}\text{臀围档差}\right)$。

⑨双向放码点：后片省道处于后腰线的中点，长度及大小不变化。若用基准线及原点来推算其移动量较为麻烦且不精确。故在此处可以先画出新的腰线，再量取中点直接画出省道即可。

⑩双向放码点：省尖点控制省道的长度，在确定⑪点后，根据尺寸要求画出长度即可。

⑪袋位：后袋位置随省道变化而变化，省道画好后，再画出袋位保证其长度档差为0.5cm即可。

（三）部件推板（图5-11）

①按照图5-11中所标注的计算公式完成腰头推板。

②按照图5-11中所标注的计算公式完成门襟及底襟推板。

③按照图5-11中所标注的计算公式完成垫袋布的推板。

④按照图5-11中所标注的计算公式完成双嵌线的推板。

三、系列样板

首先按照图5-12所示的形式完成系列样板的绘制，然后分别将各个号型压印在样板纸上，再进行加放缝份和折边、文字标注、纱向标注、剪口及对位标记的标注、剪切、最后形成系列样板。

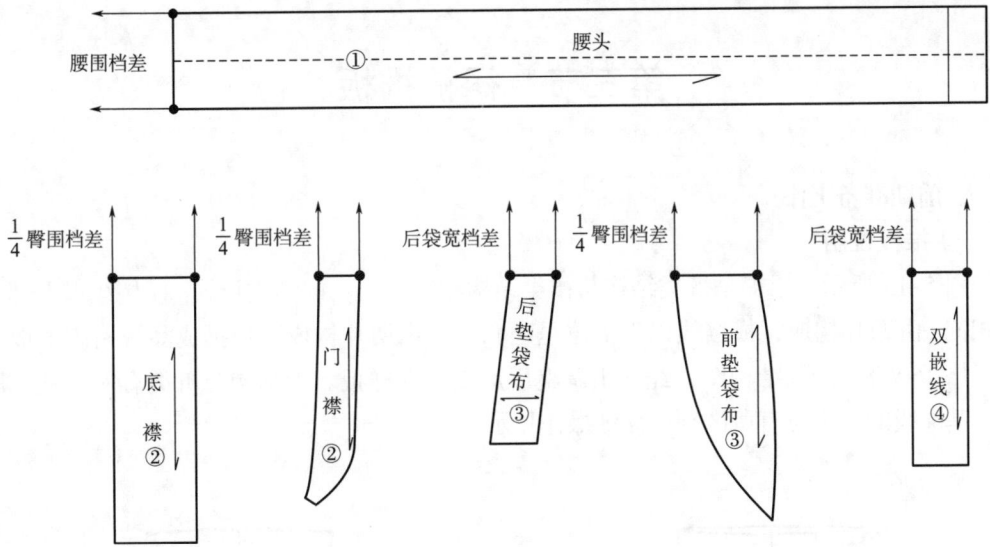

图 5-11　部件推板

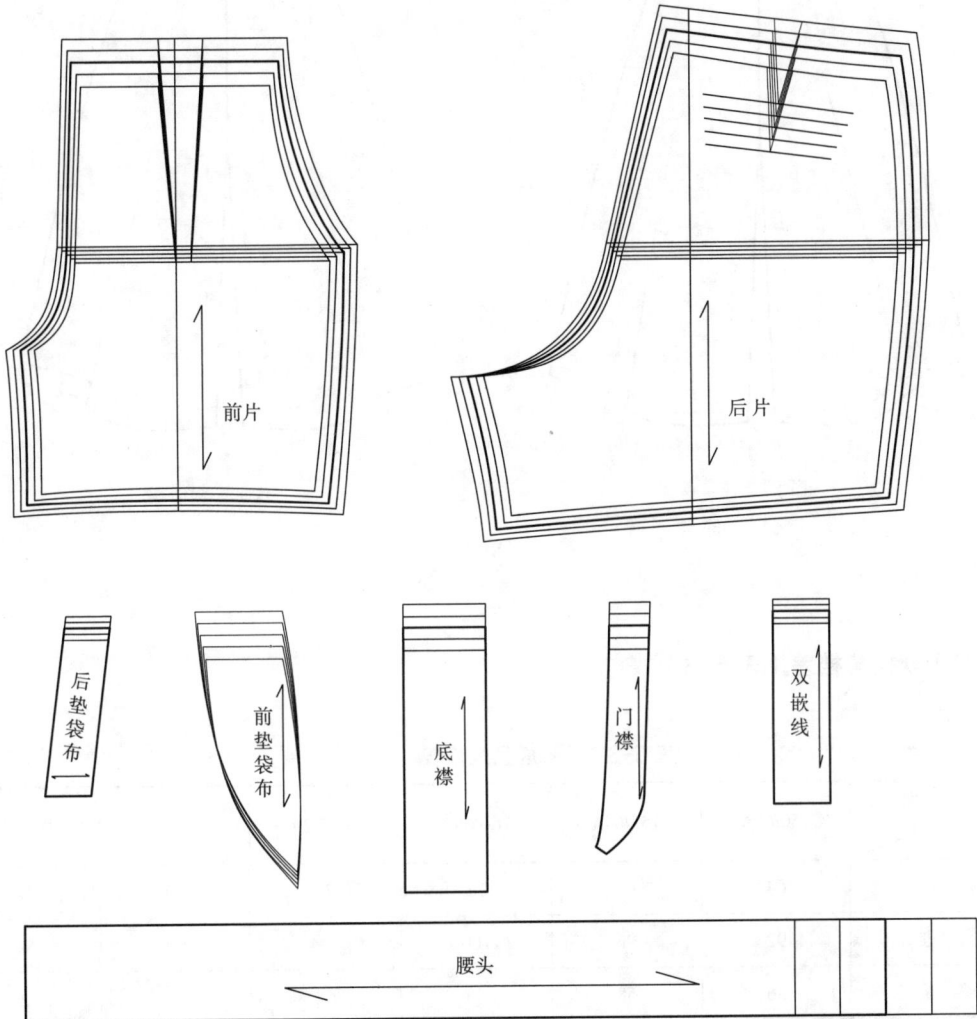

图 5-12　系列样板

第三节　裙裤推板

一、前期准备工作

（一）推板说明

如图 5-13 所示，裙裤是裤类结构与裙类结构相结合产生的结构形式，横档线以上部位与裤子相同，由四片构成，横档线以下部位呈喇叭状，由两片构成。根据成品规格表选取中间号型规格 160/68A 绘制结构图，经修正调整后形成标准样板。因结构与裤类有所区别，所以推板时基准线的选定也有所区别（详细操作见示例）。

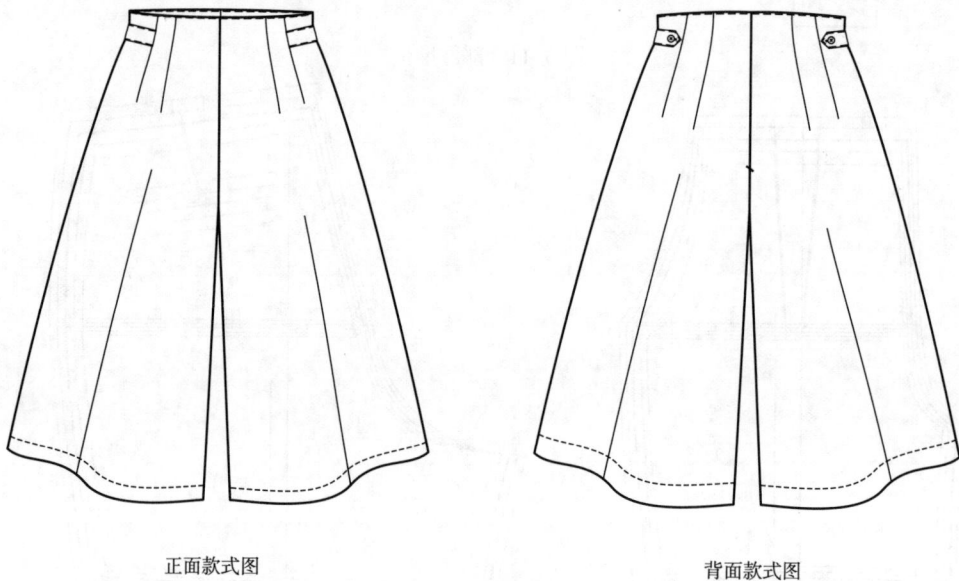

正面款式图　　　　　　　　　背面款式图

图 5-13　裙裤款式图

（二）规格与档差（表 5-3）

表 5-3　裙裤成品规格表　　　　　　单位：cm

部位 \ 规格	150/60A	155/64A	160/68A	165/72A	170/76A	档差
腰围	64	68	72	76	80	4
臀围	92	96	100	104	108	4
裤长	56	58	60	62	64	2

（三）结构制图（图 5-14）

首先按照图 5-14 中所标注的计算公式及数据完成结构制图，然后将前裙片、后裙片、贴边等分别压印在样板纸上，样片之间要留出一定的量，以免推板后相互重叠。

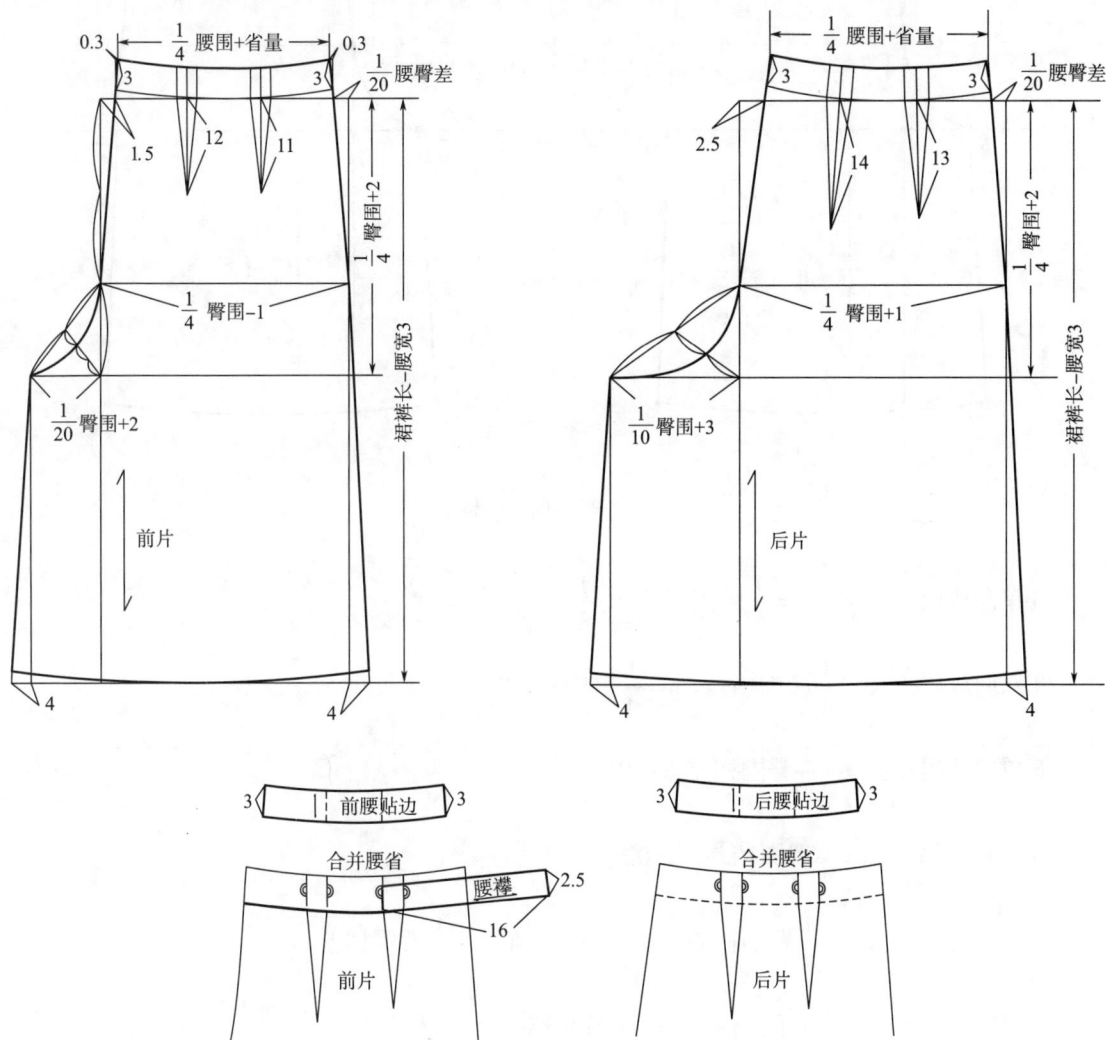

图 5-14　裙裤结构制图

二、具体推板操作

（一）前片推板（图 5-15）

①单向放码点：$x=0$，$y=\dfrac{1}{4}$ 臀围档差。

②双向放码点：$x=\dfrac{1}{4}$ 腰围档差，$y=\dfrac{1}{4}$ 臀围档差。

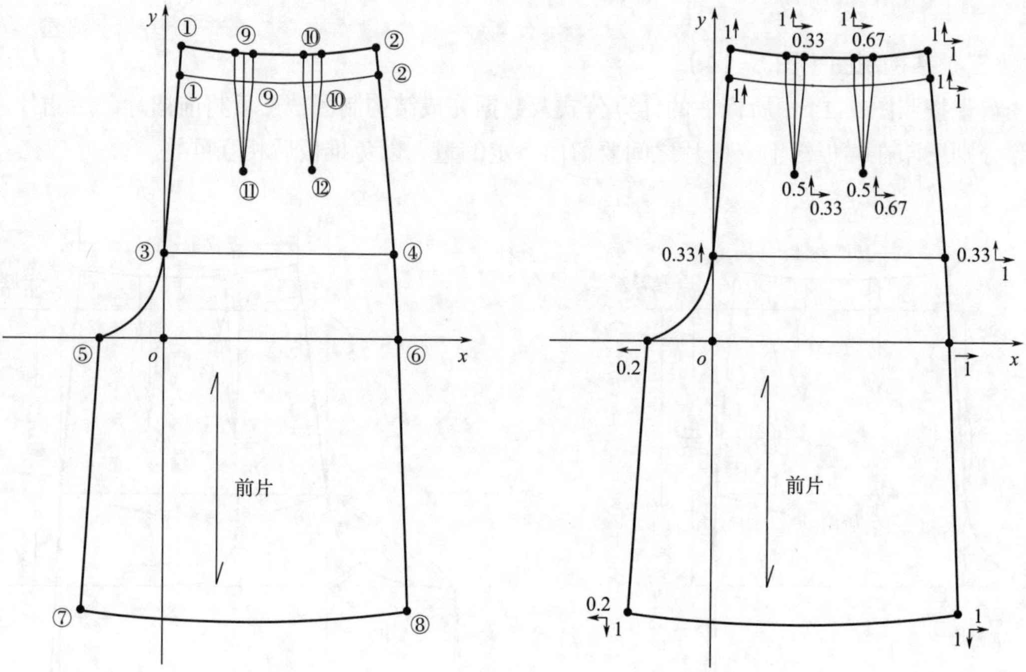

图 5-15　前片推板

③单向放码点：$x=0$，$y=\dfrac{1}{4}$臀围档差 $\times \dfrac{1}{3}$。

④双向放码点：$x=\dfrac{1}{4}$腰围档差，$y=\dfrac{1}{4}$臀围档差 $\times \dfrac{1}{3}$。

⑤单向放码点：$x=-\dfrac{1}{20}$臀围档差，$y=0$。

⑥单向放码点：$x=\dfrac{1}{4}$臀围档差，$y=0$。

⑦双向放码点：$x=-\dfrac{1}{20}$臀围档差，$y=-$（裤长档差$-\dfrac{1}{4}$臀围档差）。

⑧双向放码点：$x=\dfrac{1}{4}$臀围档差，$y=-$（裤长档差$-\dfrac{1}{4}$臀围档差）。

⑨双向放码点：$x=\dfrac{1}{4}$腰围档差 $\times \dfrac{1}{3}$，$y=\dfrac{1}{4}$臀围档差。

⑩双向放码点：$x=\dfrac{1}{4}$腰围档差 $\times \dfrac{2}{3}$，$y=\dfrac{1}{4}$臀围档差。

⑪双向放码点：此例中省道长度档差为 0.5cm，故 $x=\dfrac{1}{4}$腰围档差 $\times \dfrac{1}{3}$，$y=\dfrac{1}{4}$臀围档差 -0.5cm。

⑫双向放码点：此例中省道长度档差为 0.5cm，故 $x=\dfrac{1}{4}$腰围档差 $\times \dfrac{2}{3}$，$y=\dfrac{1}{4}$臀围档

差 –0.5cm。

（二）后片推板（图 5-16）

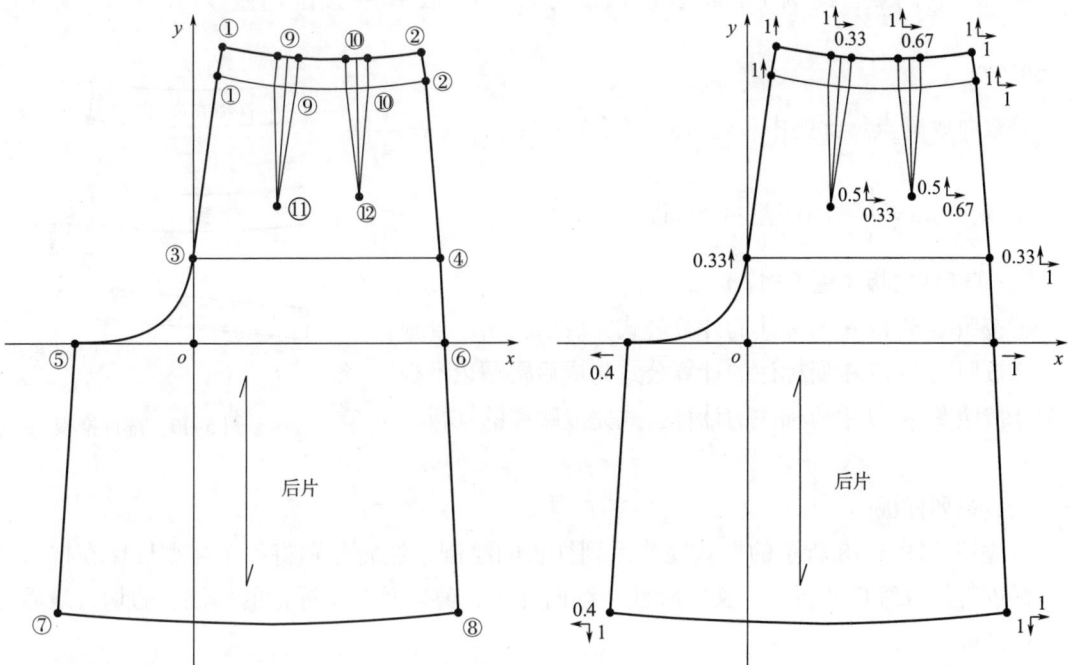

图 5-16　后片推板

①单向放码点：$x=0$，$y=\dfrac{1}{4}$臀围档差。

②双向放码点：$x=\dfrac{1}{4}$腰围档差，$y=\dfrac{1}{4}$臀围档差。

③单向放码点：$x=0$，$y=\dfrac{1}{4}$臀围档差 $\times \dfrac{1}{3}$。

④双向放码点：$x=\dfrac{1}{4}$腰围档差，$y=\dfrac{1}{4}$臀围档差 $\times \dfrac{1}{3}$。

⑤单向放码点：$x=-\dfrac{1}{10}$臀围档差，$y=0$。

⑥单向放码点：$x=\dfrac{1}{4}$臀围档差，$y=0$。

⑦双向放码点：$x=-\dfrac{1}{10}$臀围档差，$y=-$（裤长档差 $-\dfrac{1}{4}$臀围档差）。

⑧双向放码点：$x=\dfrac{1}{4}$臀围档差，$y=-$（裤长档差 $-\dfrac{1}{4}$臀围档差）。

⑨双向放码点：$x=\dfrac{1}{4}$腰围档差 $\times \dfrac{1}{3}$，$y=\dfrac{1}{4}$臀围档差。

⑩双向放码点：$x=\dfrac{1}{4}$腰围档差 $\times\dfrac{2}{3}$，$y=\dfrac{1}{4}$臀围档差。

⑪双向放码点：此例中省道长度档差为 0.5cm，故 $x=\dfrac{1}{4}$腰围档差 $\times\dfrac{1}{3}$，$y=\dfrac{1}{4}$臀围档差 -0.5cm。

⑫双向放码点：此例中省道长度档差为 0.5cm，故 $x=\dfrac{1}{4}$腰围档差 $\times\dfrac{2}{3}$，$y=\dfrac{1}{4}$臀围档差 -0.5cm。

（三）部件推板（图 5-17）

①按照图 5-17 中所标注的计算公式完成前腰贴边推板。
②按照图 5-17 中所标注的计算公式完成后腰贴边推板。
③按照图 5-17 中所标注的计算公式完成腰襻的推板。

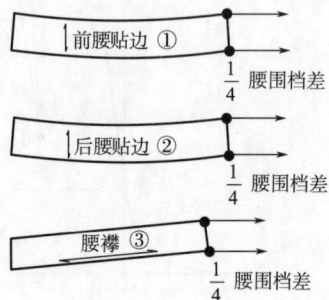

图 5-17　部件推板

三、系列样板

首先按照图 5-18 所示的形式完成系列样板的绘制，然后分别将各个号型压印在样板纸上，再进行加放缝份和折边、文字标注、纱向标注、剪口及对位标记的标注、剪切，最后形成系列样板。

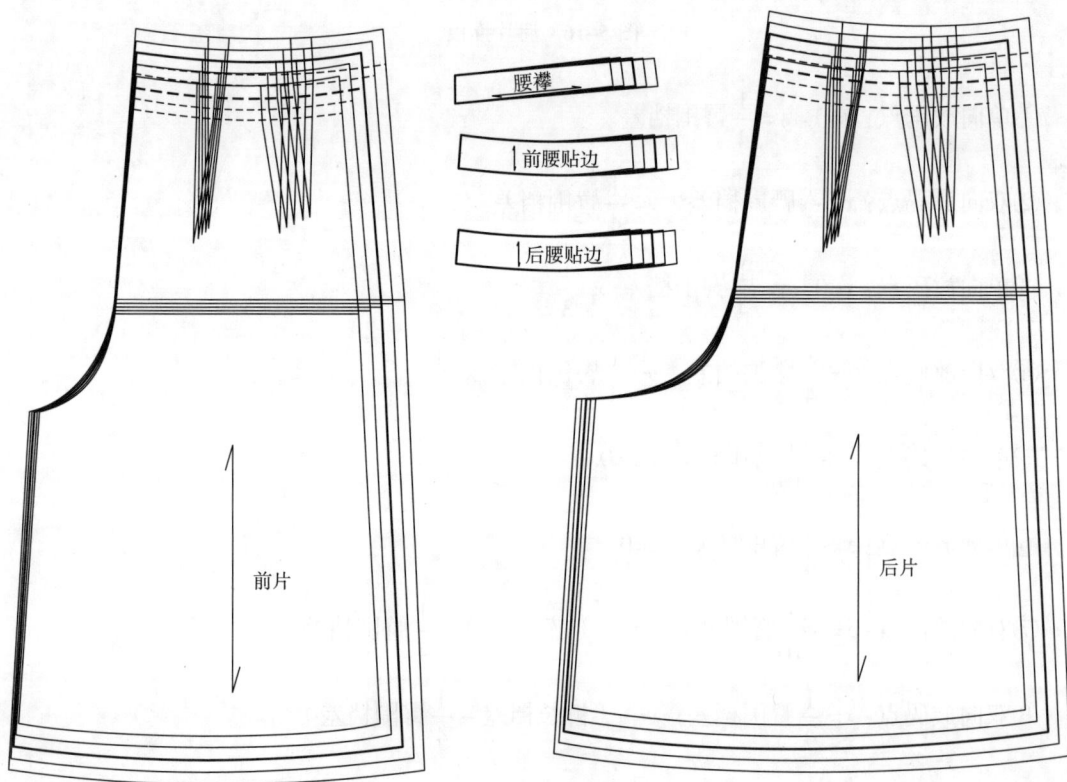

图 5-18　系列样板

参考习题

1. 裤装推板的基准线通常有哪些线？
2. 臀围线和膝围线的纵向移动，对整体裤长有无影响？为什么？
3. 裤类推板中为什么将腰线位置的纵向放缩量定为 1/4 臀围档差？
4. 裤类推板中膝盖线的纵向移动量怎样确定？
5. 设计 5 个号型的男裤规格表并完成推板。

第六章 四开身服装推板

第一节 女衬衫推板

一、前期准备工作

（一）推板说明

如图 6-1 所示，女衬衫属于四开身结构，一片翻折领、单片袖。衬衫的前片推板坐标原点一般设置在前中线与袖窿深线的交点位置，后片一般设置在背中线与袖窿深线的交点位置，袖子设置在袖中线与袖山深线的交点位置。推板中所使用的计算公式除袖肥采用 $\frac{2}{10}$ 胸围档差之外，其他部位与结构制图中所使用的计算公式相同。凡是没有对应计算公式的控制点，根据该点与相关部位的比例关系确定放缩量，例如，结构制图中前袖窿弧线与胸宽线的切点在袖窿深的 $\frac{1}{4}$ 位置，后袖窿弧线与背宽线的切点在袖窿深的 $\frac{1}{3}$ 位置，推板中胸宽及背宽控制点的纵向放缩量分别取前后袖窿深放缩量的 $\frac{1}{4}$ 和 $\frac{1}{3}$。

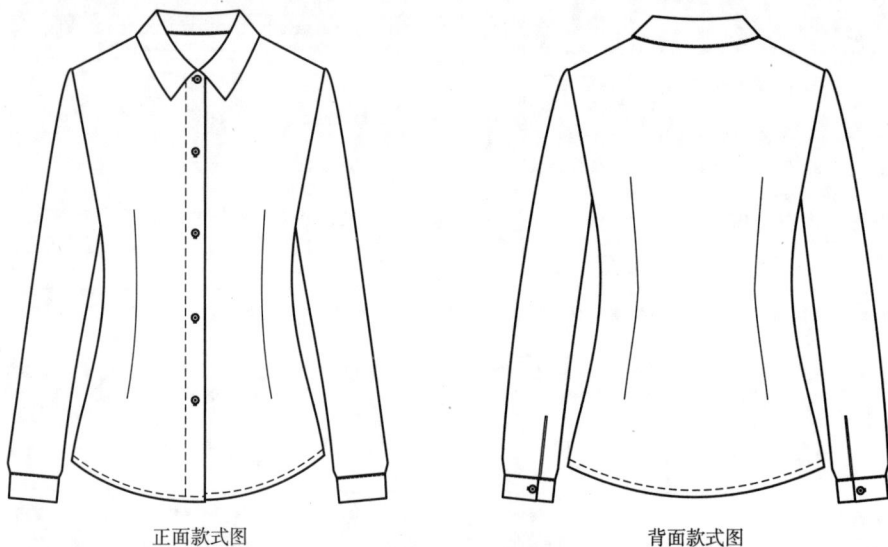

正面款式图　　　　　　　　　　　背面款式图

图 6-1　女衬衫款式图

（二）规格与档差（表6-1）

表6-1 女衬衫成品规格表

单位：cm

规格 部位	150/76A	155/80A	160/84A	165/88A	170/92A	档差
衣 长	61	63	65	67	69	2
胸 围	88	92	96	100	104	4
肩 宽	38	39	40	41	42	1
袖 长	53	54.5	56	57.5	59	1.5
腰节长	38	39	40	41	42	1
袖口围	28	29	30	31	32	1
领 围	38.4	39.2	40	40.8	41.6	0.8

（三）结构制图（图6-2）

首先按照图6-2中所标注的计算公式及数据完成结构制图，然后将前衣片、后衣片、袖

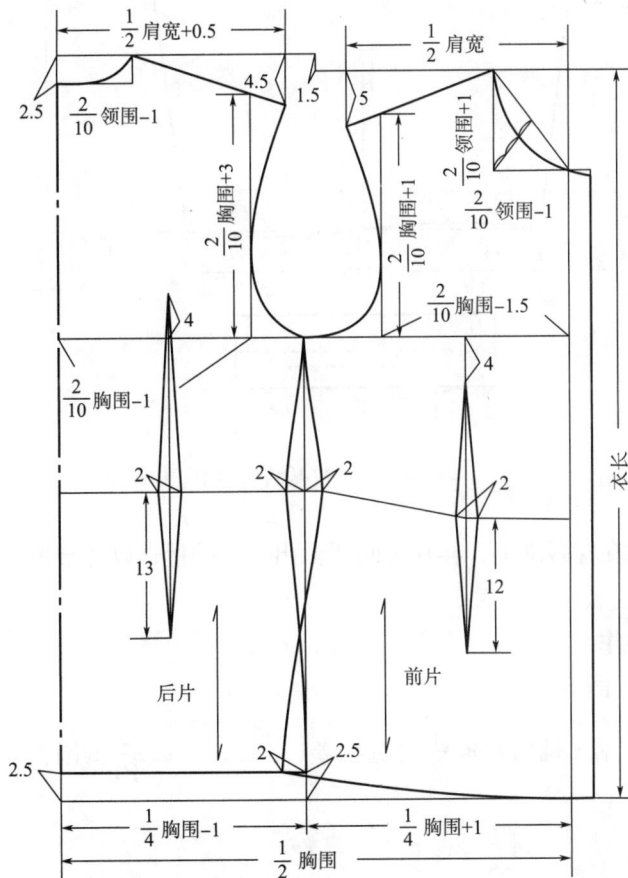

图6-2

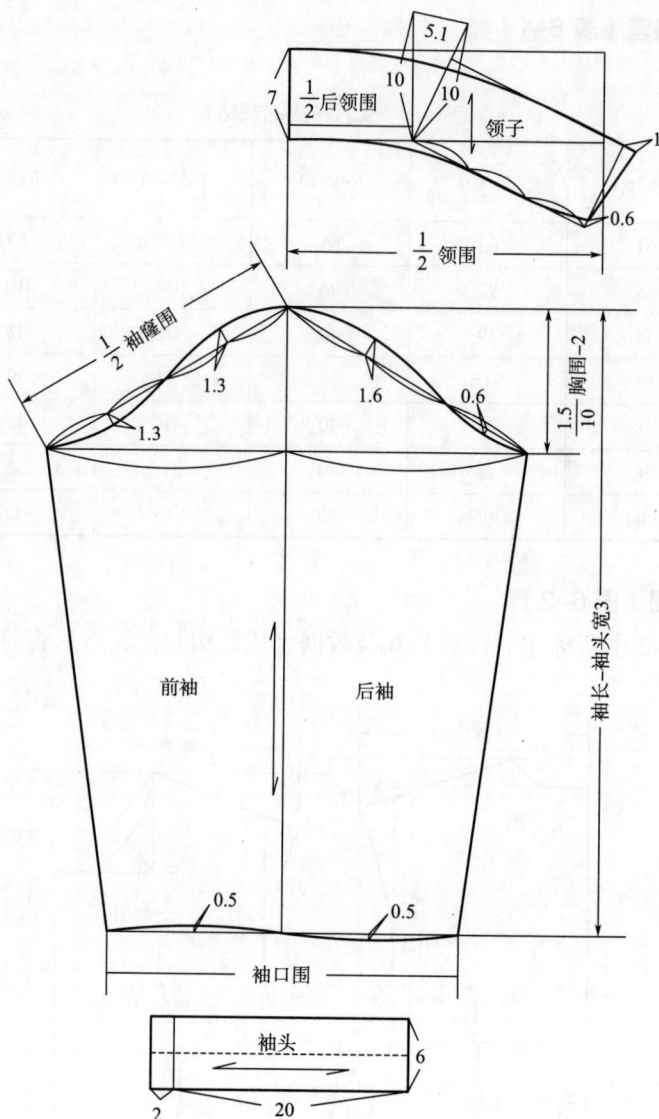

图 6-2　女衬衫结构制图

片、领子等分别压印在样板纸上，样片之间要留出一定的量，以免推板后相互重叠。

二、具体推板操作

（一）前片推板（图6-3）

①双向放码点：沿 x 轴向左取 $\frac{1}{2}$ 肩宽档差，y 轴向上取 $\frac{2}{10}$ 胸围档差。$x=-\frac{1}{2}$ 肩宽档差，$y=\frac{2}{10}$ 胸围档差。

②双向放码点：沿 x 轴向左取 $\frac{2}{10}$ 领围档差，y 轴向上取 $\frac{2}{10}$ 胸围档差。$x=-\frac{2}{10}$ 领围档差，

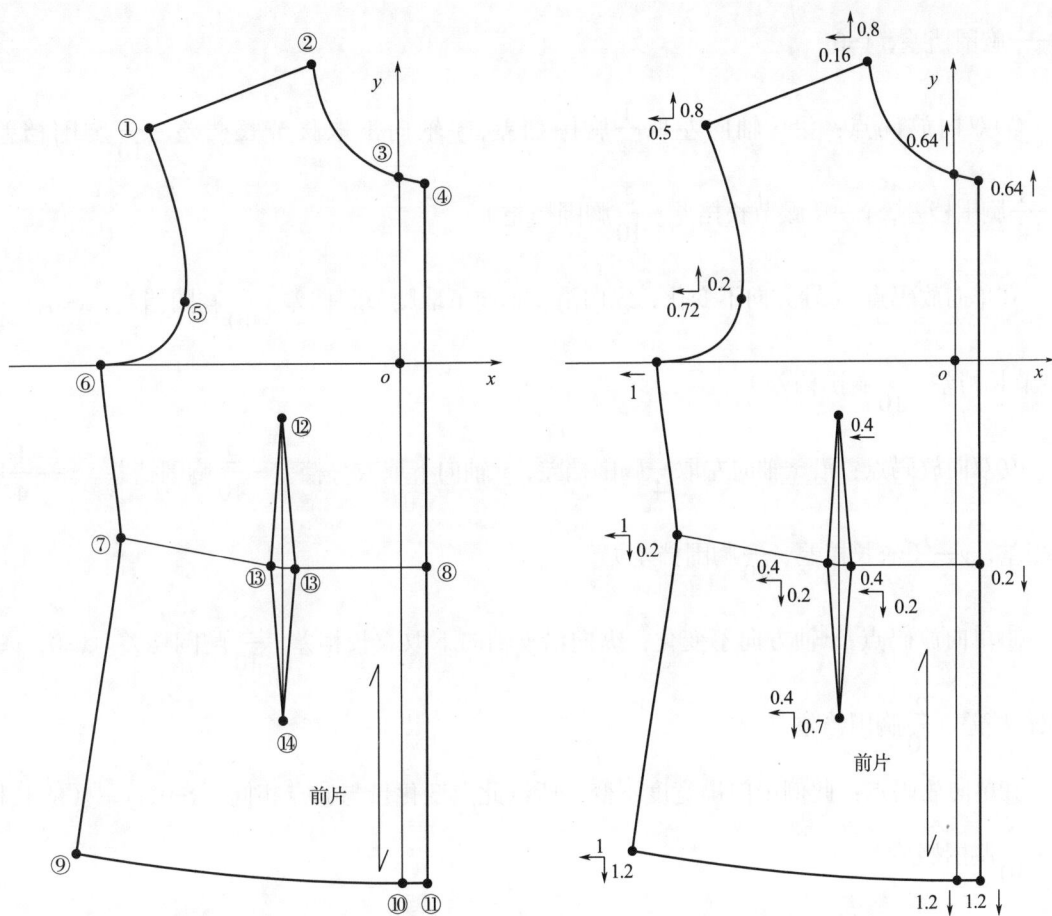

图6-3 前片推板

$y=\dfrac{2}{10}$胸围档差。

③单向放码点：位于纵向基准线上，所以x轴方向不变化，y轴方向放缩量比②点少领深档差量，故纵向沿y轴向上取$\dfrac{2}{10}$胸围档差$-\dfrac{2}{10}$领围档差。$x=0$，$y=\dfrac{2}{10}$胸围档差$-\dfrac{2}{10}$领围档差。

④单向放码点：门襟宽度不变，所以④点变化量与③点相同。$x=0$，$y=\dfrac{2}{10}$胸围档差$-\dfrac{2}{10}$领围档差。

⑤双向放码点：前袖窿切点，沿x轴向左取$\dfrac{1.8}{10}$胸围档差，y轴向上取$\dfrac{2}{10}$胸围档差$\times\dfrac{1}{4}$。$x=-\dfrac{1.8}{10}$胸围档差，$y=\dfrac{2}{10}$胸围档差$\times\dfrac{1}{4}$。

⑥单向放码点：位于横向基准线上，沿x轴向左取$\dfrac{1}{4}$胸围档差，y轴方向不变化。

$x=-\dfrac{1}{4}$胸围档差，$y=0$。

⑦双向放码点：沿 x 轴向左取 $\dfrac{1}{4}$ 胸围档差，y 轴向下取腰节长档差 $-\dfrac{2}{10}$ 胸围档差。

$x=-\dfrac{1}{4}$胸围档差，$y=-$（腰节长档差 $-\dfrac{2}{10}$ 胸围档差）。

⑧单向放码点：x 轴方向不变化，纵向沿 y 轴向下取腰节长档差 $-\dfrac{2}{10}$ 胸围档差。$x=0$，$y=-$（腰节长档差 $-\dfrac{2}{10}$ 胸围档差）。

⑨双向放码点：沿 x 轴向左取 $\dfrac{1}{4}$ 胸围档差，y 轴向下取衣长档差 $-\dfrac{2}{10}$ 胸围档差。$x=-\dfrac{1}{4}$胸围档差，$y=-$（衣长档差 $-\dfrac{2}{10}$ 胸围档差）。

⑩单向放码点：x 轴方向不变化，纵向沿 y 轴向下取衣长档差 $-\dfrac{2}{10}$ 胸围档差。$x=0$，$y=-$（衣长档差 $-\dfrac{2}{10}$ 胸围档差）。

⑪单向放码点：此例中门襟宽度不变，所以此点变化量与⑩点相同。$x=0$，$y=-$（衣长档差 $-\dfrac{2}{10}$ 胸围档差）。

⑫单向放码点：省尖点离胸围线的距离保持不变，且省道位于前胸宽的 $\dfrac{1}{2}$ 处，故此点沿 x 轴向左取 $\dfrac{1}{10}$ 胸围档差，y 轴方向不变化。$x=-\dfrac{1}{10}$胸围档差，$y=0$。

⑬双向放码点：此例中省道大小保持不变，故⑬点横向放缩量与⑫点相同，纵向沿 y 轴向下取腰节长档差 $-\dfrac{2}{10}$ 胸围档差。$x=-\dfrac{1}{10}$胸围档差，$y=-$（腰节长档差 $-\dfrac{2}{10}$ 胸围档差）。

⑭双向放码点：此例中省道长度变化取 0.5cm，横向变化量与⑫点相同，纵向变化量比⑬点多 0.5cm。$x=-\dfrac{1}{10}$胸围档差，$y=-$（腰节长档差 $-\dfrac{2}{10}$ 胸围档差 $+0.5$cm）。

（二）后片推板（图6-4）

①单向放码点：位于纵向基准线上，所以 x 轴方向不变化，纵向沿 y 轴向上取 $\dfrac{2}{10}$ 胸围档差。$x=0$，$y=\dfrac{2}{10}$ 胸围档差。

②双向放码点：沿 x 轴向右取 $\dfrac{2}{10}$ 领围档差，y 轴向上取 $\dfrac{2}{10}$ 胸围档差。$x=\dfrac{2}{10}$ 领围档差，

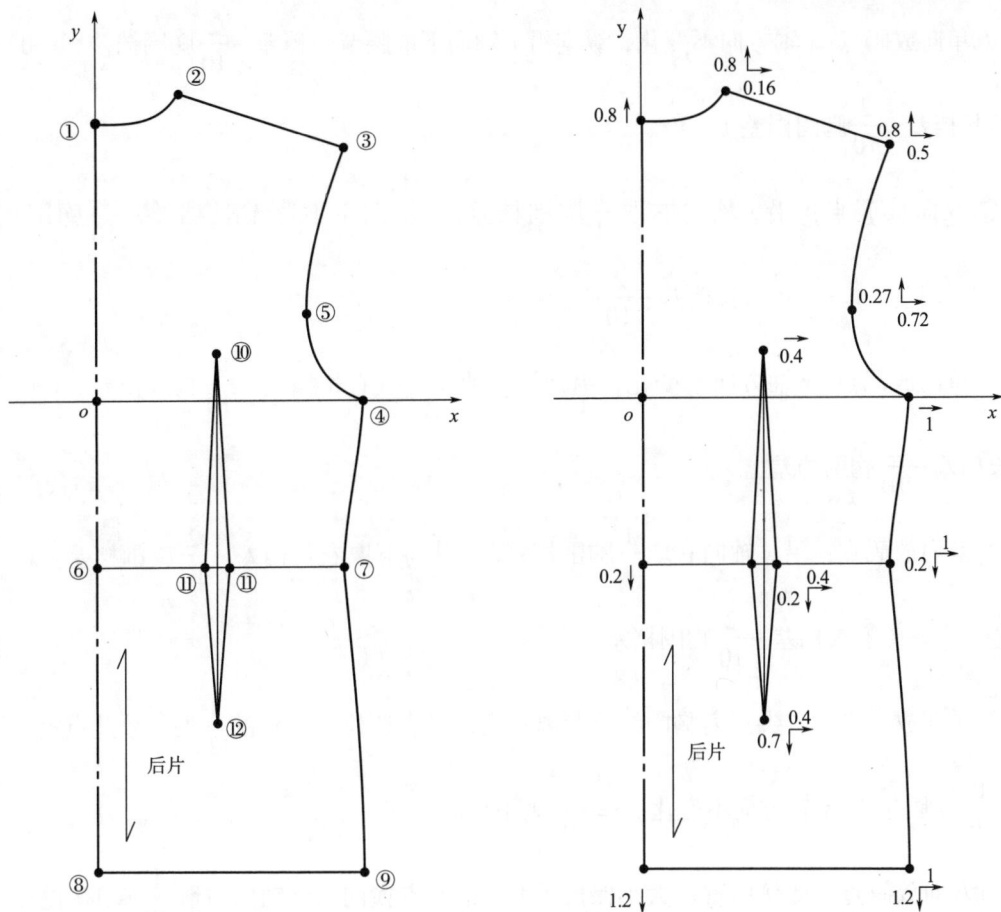

图 6-4 后片推板

$y=\dfrac{2}{10}$ 胸围档差。

③双向放码点：沿 x 轴向右取 $\dfrac{1}{2}$ 肩宽档差，y 轴向上取 $\dfrac{2}{10}$ 胸围档差。$x=\dfrac{1}{2}$ 肩宽档差，

$y=\dfrac{2}{10}$ 胸围档差。

④单向放码点：位于横向基准线上，故此点横向沿 x 轴向右取 $\dfrac{1}{4}$ 胸围档差，y 轴方向不

变化。$x=\dfrac{1}{4}$ 胸围档差，$y=0$。

⑤双向放码点：后袖窿切点，沿 x 轴向右取 $\dfrac{1.8}{10}$ 胸围档差，y 轴向上取 $\dfrac{2}{10}$ 胸围档差 $\times\dfrac{1}{3}$。

$x=\dfrac{1.8}{10}$ 胸围档差，$y=\dfrac{2}{10}$ 胸围档差 $\times\dfrac{1}{3}$。

⑥单向放码点：x 轴方向不变化，纵向沿 y 轴向下取腰节长档差 $-\dfrac{2}{10}$ 胸围档差。$x=0$，$y=-$（腰节长档差 $-\dfrac{2}{10}$ 胸围档差）。

⑦双向放码点：沿 x 轴向右取 $\dfrac{1}{4}$ 胸围档差，y 轴向下取腰节长档差 $-\dfrac{2}{10}$ 胸围档差。$x=\dfrac{1}{4}$ 胸围档差，$y=-$（腰节长档差 $-\dfrac{2}{10}$ 胸围档差）。

⑧单向放码点：x 轴方向不变化，纵向沿 y 轴向下取衣长档差 $-\dfrac{2}{10}$ 胸围档差。$x=0$，$y=-$（衣长档差 $-\dfrac{2}{10}$ 胸围档差）。

⑨双向放码点：沿 x 轴向右取 $\dfrac{1}{4}$ 胸围档差，y 轴向下取衣长档差 $-\dfrac{2}{10}$ 胸围档差。$x=\dfrac{1}{4}$ 胸围档差，$y=-$（衣长档差 $-\dfrac{2}{10}$ 胸围档差）。

⑩单向放码点：省尖点离胸围线的距离不变，且省道位于背宽的 $\dfrac{1}{2}$ 处，故此点沿 x 轴向右取 $\dfrac{1}{10}$ 胸围档差，y 轴方向不变化。$x=\dfrac{1}{10}$ 胸围档差，$y=0$。

⑪双向放码点：此例中省道大小保持不变，故⑪点横向沿 x 轴向右取 $\dfrac{1}{10}$ 胸围档差，y 轴向下取腰节长档差 $-\dfrac{2}{10}$ 胸围档差。$x=\dfrac{1}{10}$ 胸围档差，$y=-$（腰节长档差 $-\dfrac{2}{10}$ 胸围档差）。

⑫双向放码点：此例中省道长度变化取 0.5cm。此点横向变化量与⑩点相同，纵向变化量比⑪点多 0.5cm。$x=\dfrac{1}{10}$ 胸围档差，$y=-$（腰节长档差 $-\dfrac{2}{10}$ 胸围档差 $+0.5$cm）。

（三）袖子推板（图6-5）

①单向放码点：位于纵向基准线上，故横向不变化，纵向沿 y 轴向上取 $\dfrac{1.5}{10}$ 胸围档差。$x=0$，$y=\dfrac{1.5}{10}$ 胸围档差。

②单向放码点：位于横向基准线上，故纵向不变化，横向沿 x 轴向左取 $\dfrac{2}{10}$ 胸围档差。$x=-\dfrac{2}{10}$ 胸围档差，$y=0$。

③单向放码点：纵向不变化，横向沿 x 轴向右取 $\dfrac{2}{10}$ 胸围档差。$x=\dfrac{2}{10}$ 胸围档差，$y=0$。

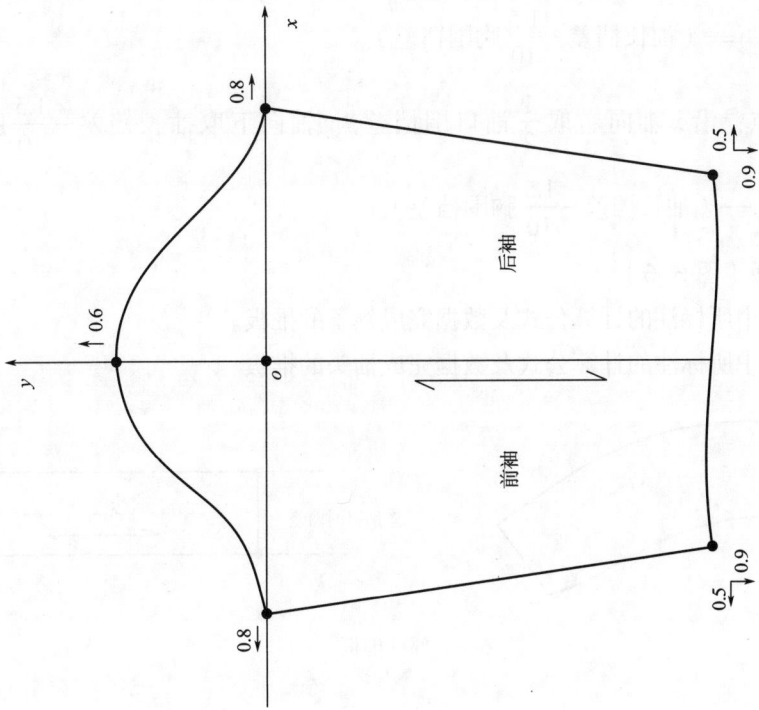

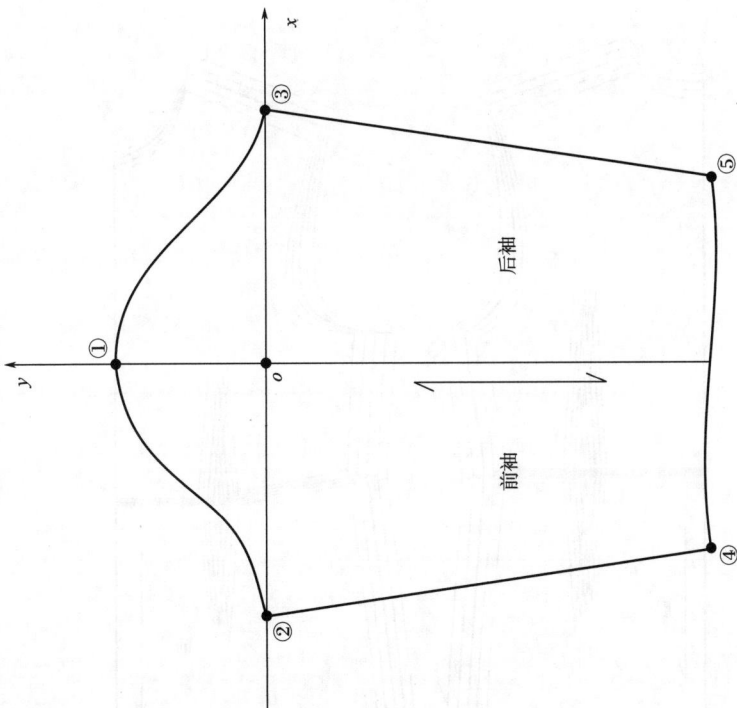

图 6-5 袖子推板

④双向放码点：沿 x 轴向左取 $\frac{1}{2}$ 袖口围档差，y 轴向下取袖长档差 $-\frac{1.5}{10}$ 胸围档差。

$x=-\frac{1}{2}$ 袖口围档差，$y=-$（袖长档差 $-\frac{1.5}{10}$ 胸围档差）。

⑤双向放码点：沿 x 轴向右取 $\frac{1}{2}$ 袖口围档差，y 轴向下取袖长档差 $-\frac{1.5}{10}$ 胸围档差。

$x=\frac{1}{2}$ 袖口围档差，$y=-$（袖长档差 $-\frac{1.5}{10}$ 胸围档差）。

（四）部件推板（图6-6）

①按照图6-6中所标注的计算公式及数据完成领子的推板。

②按照图6-6中所标注的计算公式及数据完成袖头的推板。

图6-6　部件推板

三、系列样板

首先按照图6-7所示的形式完成系列样板的绘制，然后分别将各个号型压印在样板纸上，

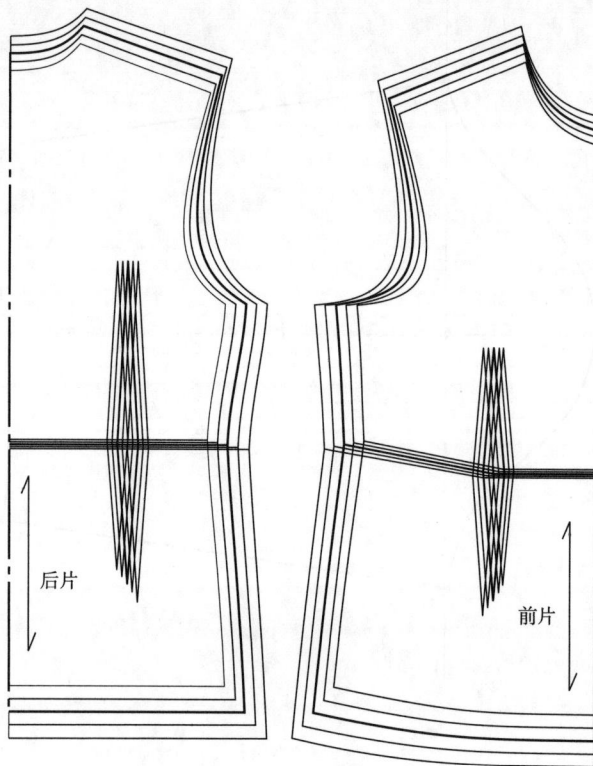

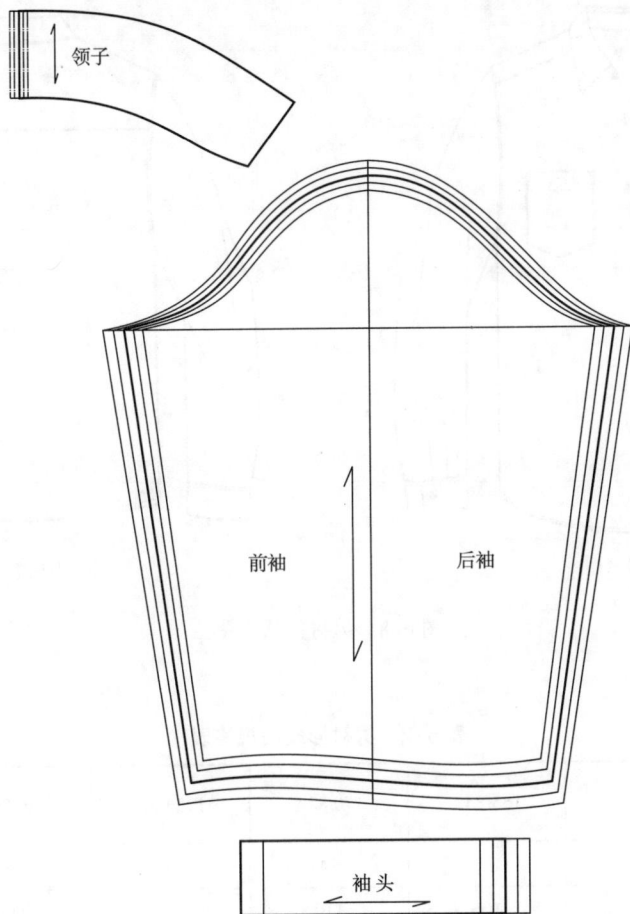

图 6-7　系列样板

再进行加放缝份和折边、文字标注、纱向标注、剪口及对位标记的标注、剪切，最后形成系列样板。

第二节　男衬衫推板

一、前期准备工作

（一）推板说明

如图 6-8 所示，男衬衫属于四开身结构，分领座折领、单片袖。男衬衫推板中坐标原点的设置及计算公式与女衬衫基本相同，所不同的是，由于男衬衫中过肩的尺寸需要随号型的变化而变化，所以在计算前后袖窿深放缩量时应将过肩的放缩量考虑进去。

（二）规格与档差（表 6-2）

（三）结构制图（图 6-9）

首先按照图 6-9 中所标注的计算公式及数据完成结构制图，然后将前衣片、后衣片、袖

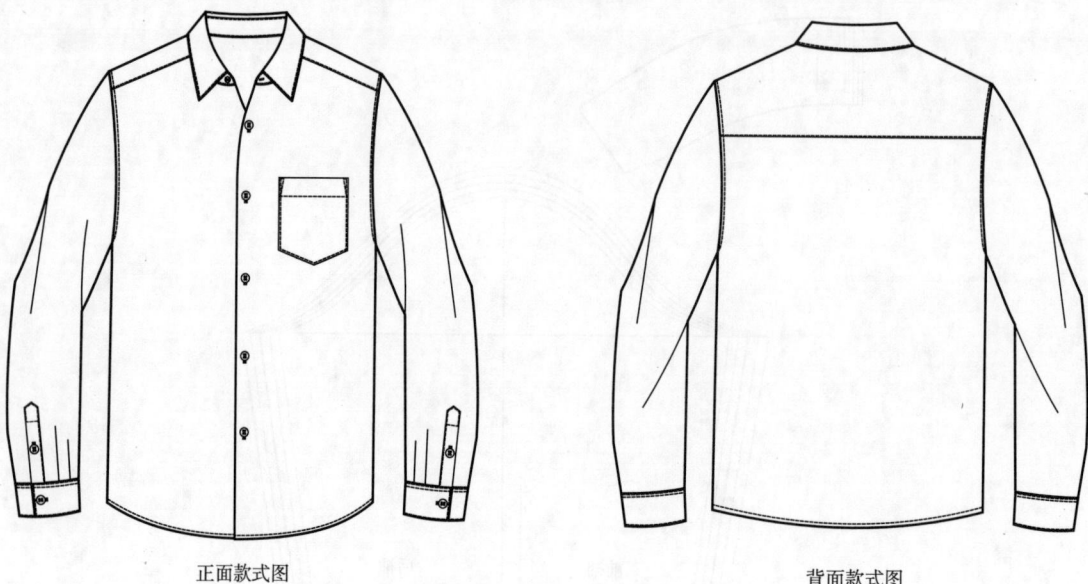

正面款式图　　　　　　　　　　　背面款式图

图6-8　男衬衫款式图

表6-2　男衬衫成品规格表　　　　　　　　　　　　　　单位：cm

规格 部位	160/80A	165/84A	170/88A	175/92A	180/96A	档差
衣　长	70	72	74	76	78	2
胸　围	102	106	110	114	118	4
肩　宽	43.6	44.8	46	47.2	48.4	1.2
袖　长	57	58.5	60	61.5	63	1.5
袖口围	23	24	25	26	27	1
领　围	38	39	40	41	42	1

片、过肩等分别压印在样板纸上，衣片之间要留出一定的量，以免推板后相互重叠。

二、具体推板操作

（一）前片推板（图6-10）

①双向放码点：横向沿 x 轴向左取 $\dfrac{2}{10}$ 领围档差，纵向沿 y 轴向上取 $\dfrac{2}{10}$ 胸围档差减去 0.2cm 的过肩高度放缩量。$x=-\dfrac{2}{10}$ 领围档差，$y=\dfrac{2}{10}$ 胸围档差 -0.2cm。

②单向放码点：位于纵向基准线上，所以 x 轴方向不变化，y 轴放缩量比原颈侧点少一个领深的档差量。$x=0$，$y=\dfrac{2}{10}$ 胸围档差 $-\dfrac{2}{10}$ 领围档差。

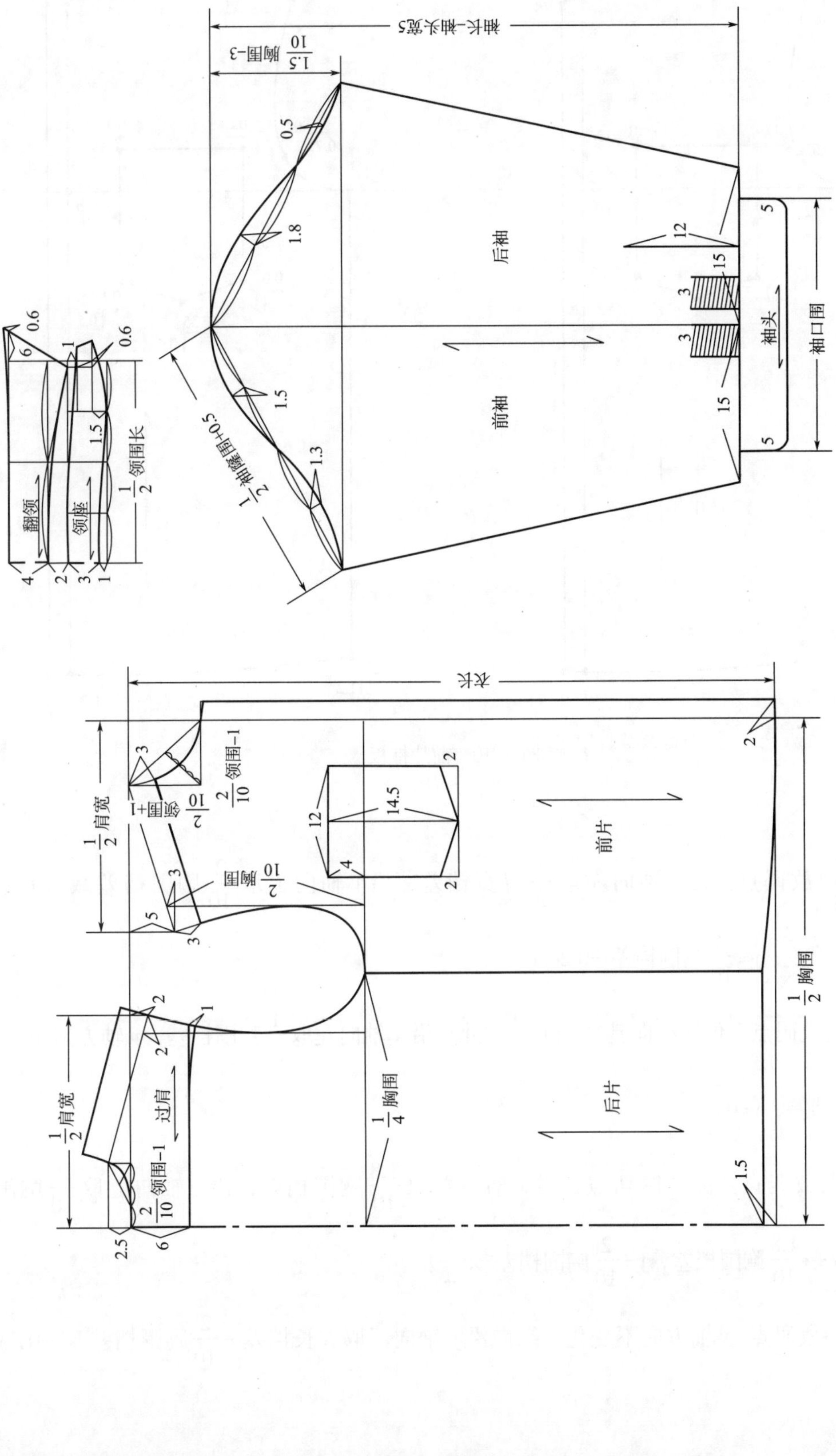

图 6-9 男衬衫结构制图

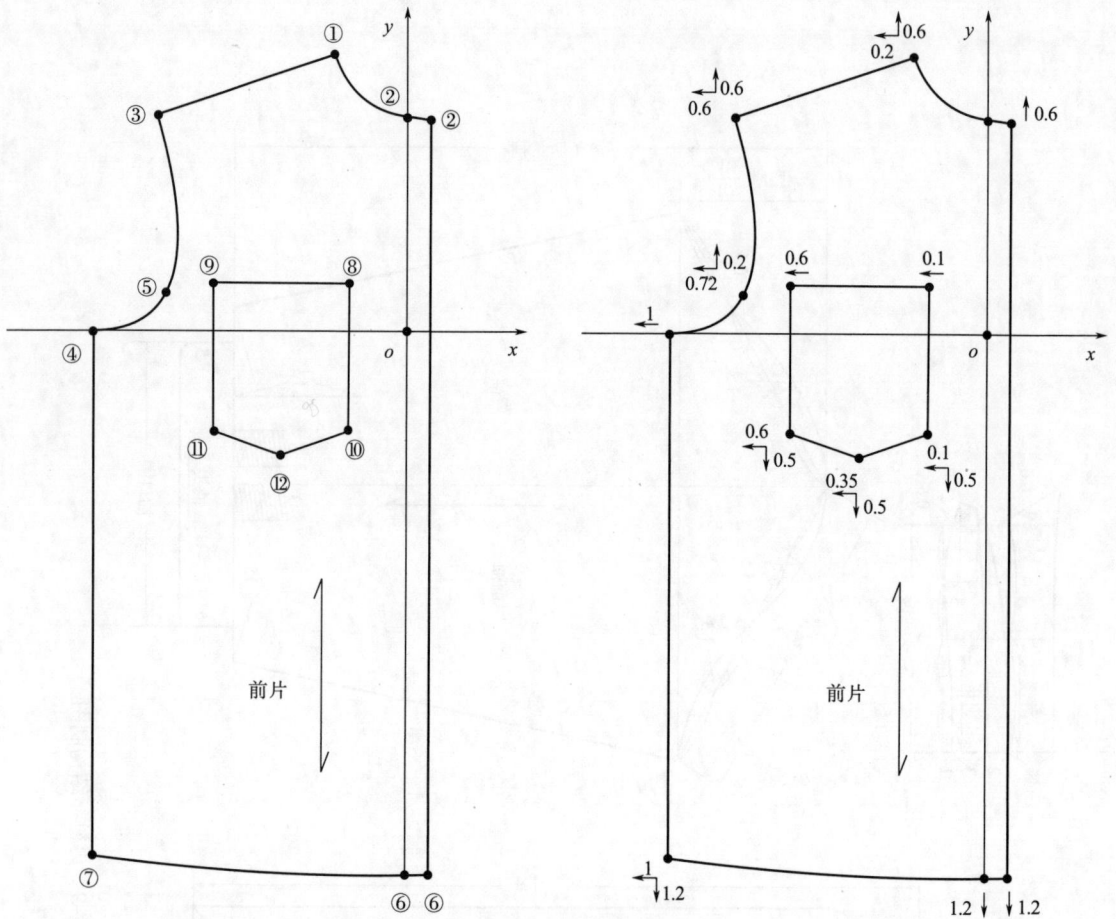

图 6-10　前片推板

③双向放码点：沿 x 轴向左取 $\frac{1}{2}$ 肩宽档差，沿 y 轴向上取 $\frac{2}{10}$ 胸围档差减去 0.2cm。

$x=-\frac{1}{2}$ 肩宽档差，$y=\frac{2}{10}$ 胸围档差 -0.2cm。

④单向放码点：位于横向基准线上，故此点沿 x 轴向左取 $\frac{1}{4}$ 胸围档差，y 轴方向不变化。

$x=-\frac{1}{4}$ 胸围档差，$y=0$。

⑤双向放码点：前袖窿切点，沿 x 轴向左取 $\frac{1.8}{10}$ 胸围档差，沿 y 轴向上取 $\frac{2}{10}$ 胸围档差 $\times\frac{1}{4}$。$x=-\frac{1.8}{10}$ 胸围档差，$y=\frac{2}{10}$ 胸围档差 $\times\frac{1}{4}$。

⑥单向放码点：x 轴方向不变化，纵向沿 y 轴向下取衣长档差 $-\frac{2}{10}$ 胸围档差。$x=0$，$y=-$

（衣长档差 $-\frac{2}{10}$ 胸围档差）。

⑦双向放码点：沿 x 轴向左取 $\frac{1}{4}$ 胸围档差，沿 y 轴向下取衣长档差 $-\frac{2}{10}$ 胸围档差。 $x=-\frac{1}{4}$ 胸围档差，$y=-$（衣长档差 $-\frac{2}{10}$ 胸围档差）。

⑧单向放码点：前胸口袋中线在前胸宽 $\frac{1}{2}$ 处，且口袋宽度档差为 0.5cm，故其横向变化量沿 x 轴向左取 0.1cm，纵向与基准线胸围线之间的距离保持不变，即纵向不变化。$x=-$0.1cm，$y=0$。

⑨单向放码点：口袋宽度档差为 0.5cm，故此点横向变化量比⑧点多 0.5cm，y 轴变化量与⑧点相同。$x=-$0.6cm，$y=0$。

⑩双向放码点：横向变化与⑧点相同，纵向有 0.5cm 的袋深档差量。$x=-$0.1cm，$y=-$0.5cm。

⑪双向放码点：横向变化与⑨点相同，纵向变化与⑩点相同。$x=-$0.6cm，$y=-$0.5cm。

⑫双向放码点：处于⑩点与⑪点的 $\frac{1}{2}$ 处，故其横向变化为沿 x 轴向左取 0.35cm，纵向变化与⑩点相同。$x=-$0.35cm，$y=-$0.5cm。

（二）后片、过肩推板（图 6-11）

①单向放码点：x 轴方向不变化，纵向沿 y 轴向上取 $\frac{2}{10}$ 胸围档差减去 0.2cm 的过肩高度变化量。$x=0$，$y=\frac{2}{10}$ 胸围档差 -0.2cm。

②双向放码点：沿 x 轴向右取 $\frac{1}{2}$ 肩宽档差，沿 y 轴向上取 $\frac{2}{10}$ 胸围档差 -0.2cm。$x=\frac{1}{2}$ 肩宽档差，$y=\frac{2}{10}$ 胸围档差 -0.2cm。

③双向放码点：沿 x 轴向右取 $\frac{1}{2}$ 肩宽档差 $\times \frac{2}{3}$，沿 y 轴向上取 $\frac{2}{10}$ 胸围档差 -0.2cm。$x=\frac{1}{2}$ 肩宽档差 $\times \frac{2}{3}$，$y=\frac{2}{10}$ 胸围档差 -0.2cm。

④单向放码点：沿 x 轴向右取 $\frac{1}{4}$ 胸围档差，y 轴方向不变化。$x=\frac{1}{4}$ 胸围档差，$y=0$。

⑤双向放码点：后袖窿切点，沿 x 轴向右取 $\frac{1.8}{10}$ 胸围档差，y 轴向上取 $\frac{2}{10}$ 胸围档差 $\times \frac{1}{3}$。$x=\frac{1.8}{10}$ 胸围档差，$y=\frac{2}{10}$ 胸围档差 $\times \frac{1}{3}$。

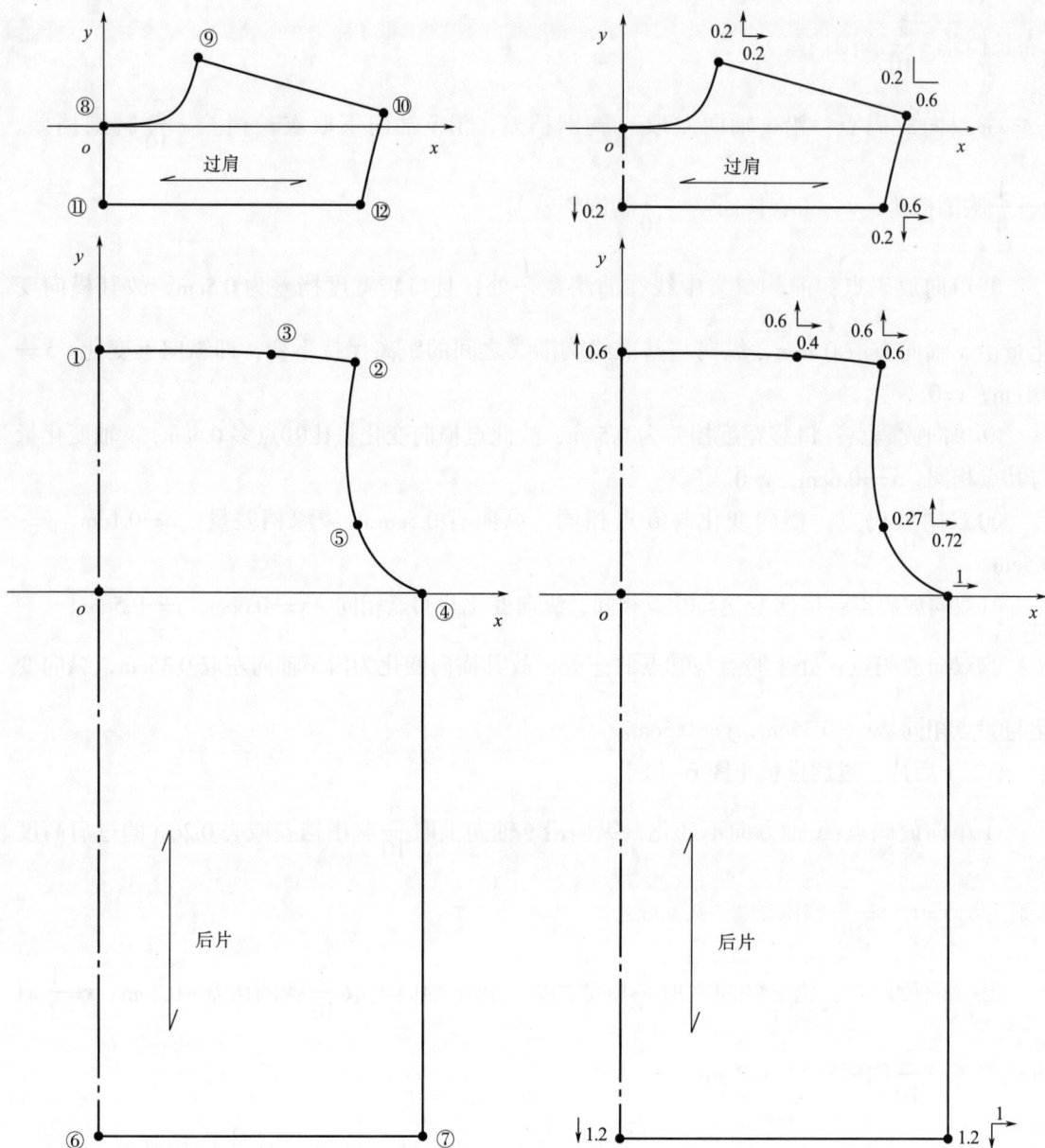

图6-11　后片、过肩推板

⑥单向放码点：x轴方向不变化，沿y轴向下取衣长档差$-\dfrac{2}{10}$胸围档差。$x=0$，$y=-$（衣长档差$-\dfrac{2}{10}$胸围档差）。

⑦双向放码点：沿x轴向右取$\dfrac{1}{4}$胸围档差，y轴向下取衣长档差$-\dfrac{2}{10}$胸围档差。$x=\dfrac{1}{4}$胸围档差，$y=-$（衣长档差$-\dfrac{2}{10}$胸围档差）。

⑧固定点：$x=0$，$y=0$。

⑨双向放码点：沿 x 轴向右取 $\frac{2}{10}$ 领围档差，y 轴向上取 0.2cm 的变化量。$x=\frac{2}{10}$ 领围档差，$y=0.2$cm。

⑩双向放码点：沿 x 轴向右取 $\frac{1}{2}$ 肩宽档差，y 轴向上取 0.2cm 的变化量。$x=\frac{1}{2}$ 肩宽档差，$y=0.2$cm。

⑪单向放码点：x 轴方向不变化，纵向沿 y 轴向下取 0.2cm 的高度变化量。$x=0$，$y=-0.2$cm。

⑫双向放码点：沿 x 轴向右取 $\frac{1}{2}$ 肩宽档差，y 轴向下取 0.2cm 的变化量。$x=\frac{1}{2}$ 肩宽档差，$y=-0.2$cm。

（三）袖子推板（图 6-12）

①单向放码点：位于纵向基准线上，横向不变化，纵向沿 y 轴向上取 $\frac{1.5}{10}$ 胸围档差。$x=0$，$y=\frac{1.5}{10}$ 胸围档差。

②单向放码点：位于横向基准线上，纵向不变化，横向沿 x 轴向左取 $\frac{2}{10}$ 胸围档差。$x=-\frac{2}{10}$ 胸围档差，$y=0$。

③单向放码点：纵向不变化，横向沿 x 轴向右取 $\frac{2}{10}$ 胸围档差。$x=\frac{2}{10}$ 胸围档差，$y=0$。

④双向放码点：沿 x 轴向左取 $\frac{1}{2}$ 袖口围档差，y 轴向下取袖长档差 $-\frac{1.5}{10}$ 胸围档差。$x=-\frac{1}{2}$ 袖口围档差，$y=-$（袖长档差 $-\frac{1.5}{10}$ 胸围档差）。

⑤双向放码点：沿 x 轴向右取 $\frac{1}{2}$ 袖口围档差，y 轴向下取袖长档差 $-\frac{1.5}{10}$ 胸围档差。$x=\frac{1}{2}$ 袖口围档差，$y=-$（袖长档差 $-\frac{1.5}{10}$ 胸围档差）。

⑥双向放码点：袖开衩位于袖口 $\frac{1}{4}$ 处，长度档差为 0.5cm。所以⑥点横向沿 x 轴向右取 $\frac{1}{4}$ 袖口围档差，纵向沿 y 轴向下取袖长档差 $-\frac{1.5}{10}$ 胸围档差 -0.5cm。$x=\frac{1}{4}$ 袖口围档差，$y=-$（袖长档差 $-\frac{1.5}{10}$ 胸围档差 -0.5cm）。

⑦双向放码点：x 轴方向变化与⑥点相同，y 轴方向变化与④点相同。$x=\frac{1}{4}$ 袖口围档差，

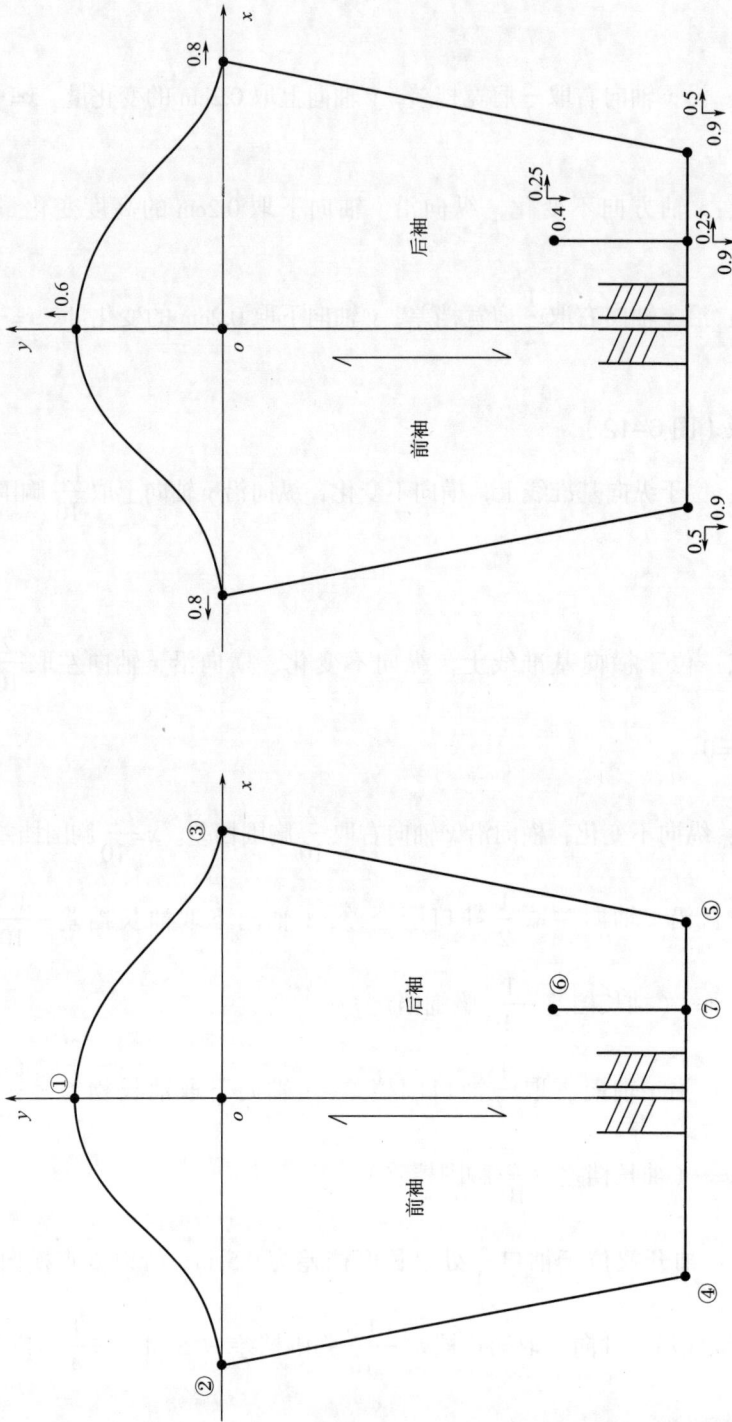

图6-12 袖子推板

$$y=-\left(\text{袖长档差}-\frac{1.5}{10}\text{胸围档差}\right)。$$

（四）部件推板（图6-13）

①按照图6-13中所标注的计算公式及数据完成领子的推板。

②按照图6-13中所标注的计算公式及数据完成袖头的推板。

图6-13　部件推板

三、系列样板

首先按照图6-14所示的形式完成系列样板的绘制，然后分别将各个号型压印在样板纸上，再进行加放缝份和折边、文字标注、纱向标注、剪口及对位标记的标注、剪切，最后形成系列样板。

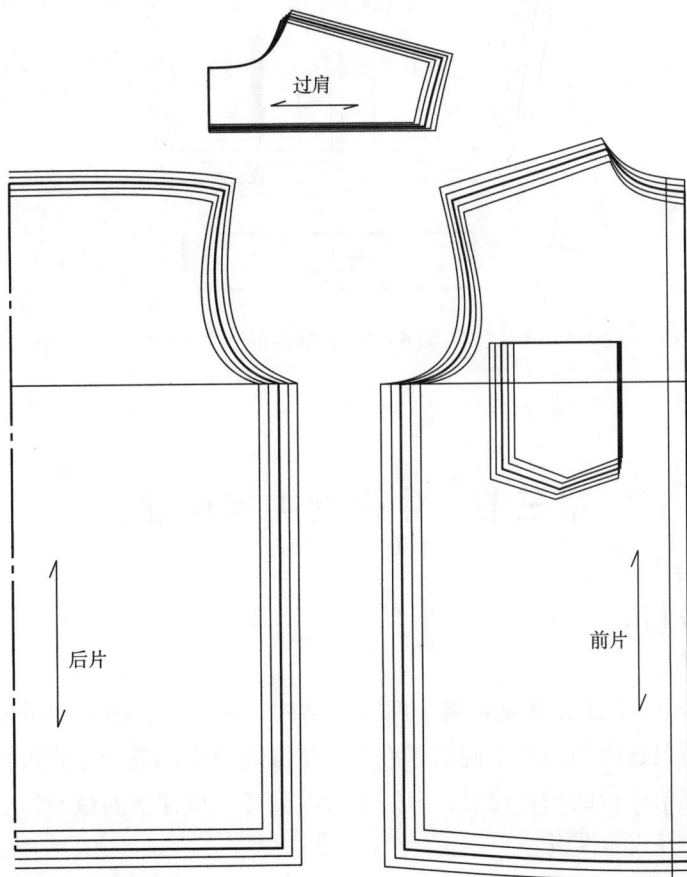

图6-14

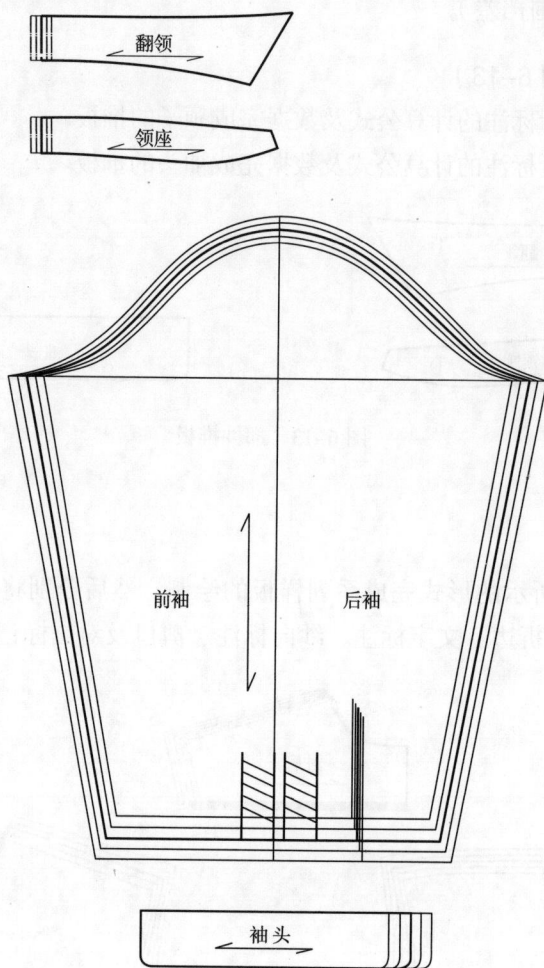

图 6-14　系列样板

第三节　牛仔女夹克衫推板

一、前期准备工作

（一）推板说明

如图 6-15 所示，牛仔女夹克衫属于四开身结构，前后片、袖片均做分割。推板中各分割片样板可根据情况选定相同或不同的基准线，基准线的不同选择方式虽然会影响各放码点的放缩量及各个规格样板的相对位置，但并不会改变各号型样板的最终形状。在此例中示范了不同基准线这种方式的推板。

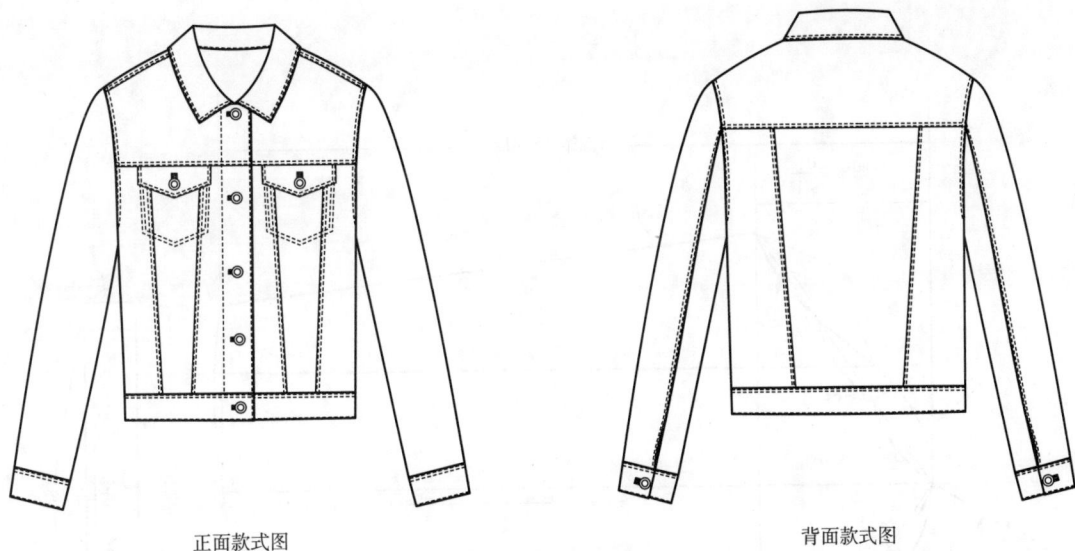

正面款式图　　　　　　　　　　　背面款式图

图 6-15　牛仔女夹克款式图

（二）规格与档差（表 6-3）

表 6-3　牛仔女夹克成品规格表　　　　　　　单位：cm

规格\部位	150/76A	155/80A	160/84A	165/88A	170/92A	档差
衣　长	51	52.5	54	55.5	57	1.5
胸　围	88	92	96	100	104	4
肩　宽	38	39	40	41	42	1
袖　长	55.5	57	58.5	60	61.5	1.5
袖口围	20	21	22	23	24	1
领　围	38	39	40	41	42	1

（三）结构制图（图 6-16）

首先按照图 6-16 中所标注的计算公式及数据完成结构制图，然后将前衣片、后衣片、袖片、领子等分别压印在样板纸上，样片之间要留出一定的量，以免推板后相互重叠。

二、具体推板操作

（一）前片推板（图 6-17）

①双向放码点：在此例中前育克高度档差取 0.5cm，故该点横向沿 x 轴向左取 $\frac{2}{10}$ 领围档差，纵向沿 y 轴向上取 0.5cm。$x=-\frac{2}{10}$ 领围档差，$y=0.5$cm。

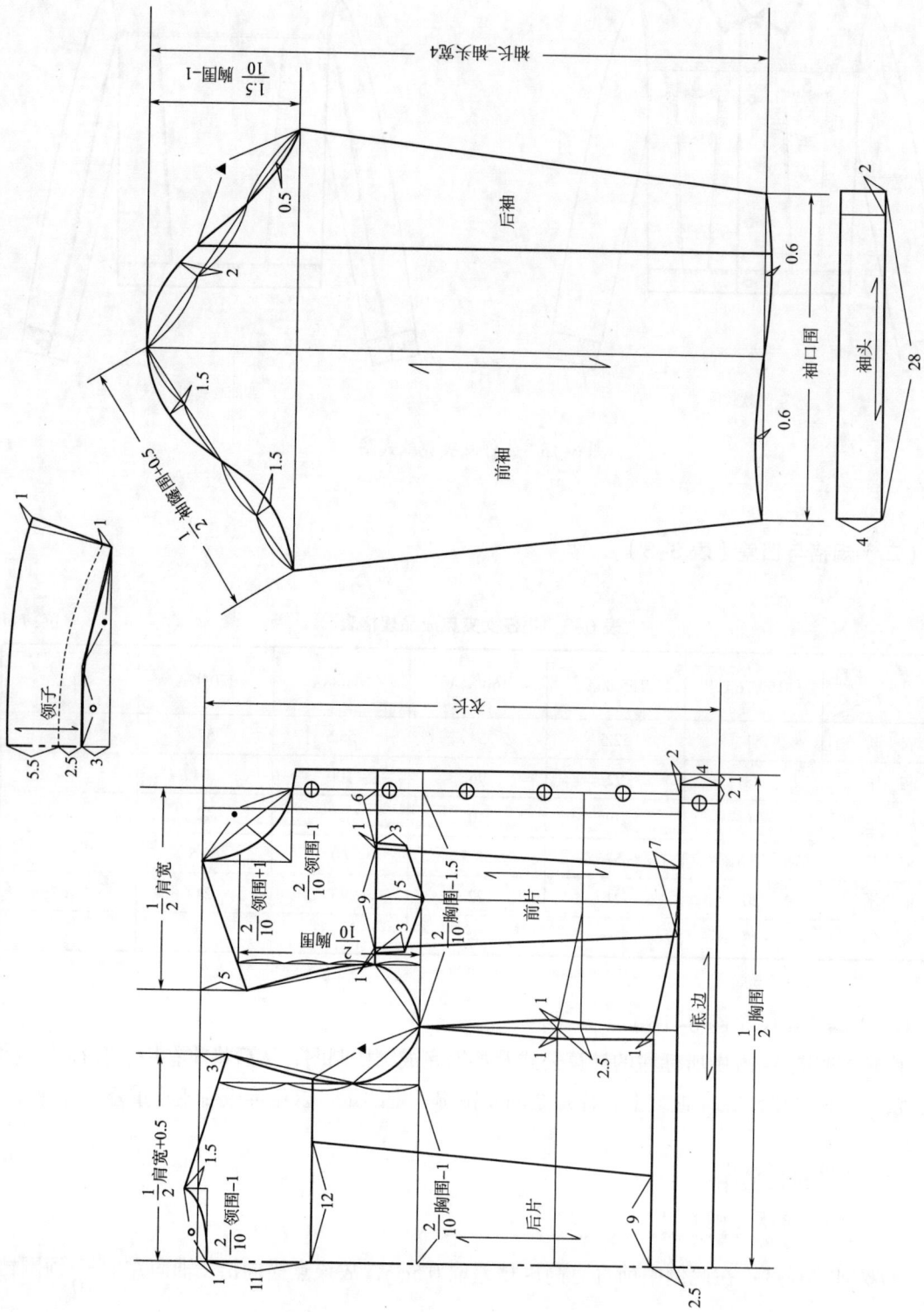

图 6-16 牛仔女夹克结构制图

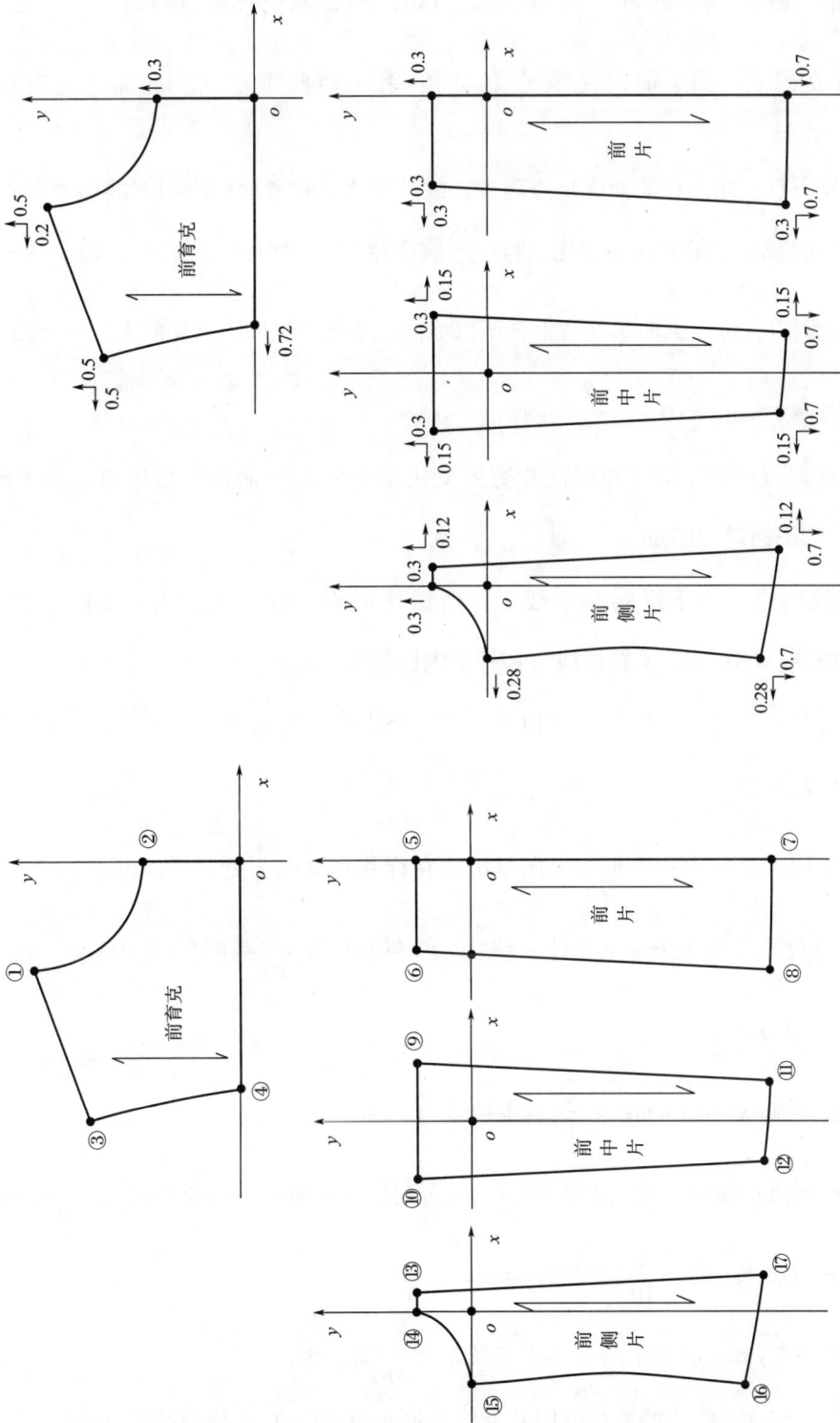

图6-17　前片推板

②单向放码点：位于纵向基准线上，所以横向不变化，纵向放缩量比②点少领深档差量，故此点纵向沿 y 轴向上取 $0.5\text{cm}-\dfrac{2}{10}$ 领围档差。$x=0$，$y=0.5\text{cm}-\dfrac{2}{10}$ 领围档差。

③双向放码点：沿 x 轴向左取 $\dfrac{1}{2}$ 肩宽档差，y 轴向上取 0.5cm。$x=-\dfrac{1}{2}$ 肩宽档差，$y=0.5\text{cm}$。

④单向放码点：此点在前袖窿切点附近，故其变化量参考前袖窿切点的移动量。沿 x 轴向左取 $\dfrac{1.8}{10}$ 胸围档差，y 轴方向不变化。$x=-\dfrac{1.8}{10}$ 胸围档差，$y=0$。

⑤单向放码点：位于纵向基准线上，所以横向不变化，纵向沿 y 轴向上取 $\dfrac{2}{10}$ 胸围档差减去育克高度档差 0.5cm。$x=0$，$y=\dfrac{2}{10}$ 胸围档差 -0.5cm。

⑥双向放码点：沿 x 轴向左取前片宽度变化量 0.3cm，y 轴方向变化与⑤点相同。$x=-0.3\text{cm}$，$y=\dfrac{2}{10}$ 胸围档差 -0.5cm。

⑦单向放码点：位于纵向基准线上，所以横向不变化，纵向沿 y 轴向下取衣长档差 $-\dfrac{2}{10}$ 胸围档差。$x=0$，$y=-($ 衣长档差 $-\dfrac{2}{10}$ 胸围档差 $)$。

⑧双向放码点：横向变化与⑥点相同，纵向变化与⑦点相同。$x=-0.3\text{cm}$，$y=-($ 衣长档差 $-\dfrac{2}{10}$ 胸围档差 $)$。

⑨双向放码点：前中片推板的纵向基准线在样片宽度的 $\dfrac{1}{2}$ 处，所以⑨点、⑩点的横向放缩量各取宽度变化量 0.3cm 的一半，纵向沿 y 轴向上取 $\dfrac{2}{10}$ 胸围档差 -0.5cm。$x=0.15\text{cm}$，$y=\dfrac{2}{10}$ 胸围档差 -0.5cm。

⑩双向放码点：$x=-0.15\text{cm}$，$y=\dfrac{2}{10}$ 胸围档差 -0.5cm。

⑪双向放码点：横向变化与⑨点相同，纵向变化沿 y 轴向下取衣长档差 $-\dfrac{2}{10}$ 胸围档差。$x=0.15\text{cm}$，$y=-($ 衣长档差 $-\dfrac{2}{10}$ 胸围档差 $)$。

⑫双向放码点：$x=-0.15\text{cm}$，$y=-($ 衣长档差 $-\dfrac{2}{10}$ 胸围档差 $)$。

⑬双向放码点：前侧片的推板纵向基准线通过前袖窿切点，且样片宽度变化量为 0.4cm，故此点横向沿 x 轴向右取 $0.4\text{cm}-($ $\dfrac{1}{4}$ 胸围档差 $-\dfrac{1.8}{10}$ 胸围档差 $)$，纵向变化量与⑩点相同。

x=0.4cm$-$（$\dfrac{1}{4}$胸围档差$-\dfrac{1.8}{10}$胸围档差），y=$\dfrac{2}{10}$胸围档差-0.5cm。

⑭单向放码点：位于纵向基准线上，所以横向不变化，纵向沿y轴向上取$\dfrac{2}{10}$胸围档差-0.5cm。x=0，y=$\dfrac{2}{10}$胸围档差-0.5cm。

⑮单向放码点：该点的横向放缩量应为样片宽度变化量0.4cm减去⑬点的横向变化量，纵向不变化。x=-0.28cm，y=0。

⑯双向放码点：横向变化量与⑮点相同，纵向沿y轴向下取衣长档差$-\dfrac{2}{10}$胸围档差。x=-0.28cm，y=$-$（衣长档差$-\dfrac{2}{10}$胸围档差）。

⑰双向放码点：横向变化量与⑬点相同，纵向沿y轴向下取衣长档差$-\dfrac{2}{10}$胸围档差。x=0.12cm，y=$-$（衣长档差$-\dfrac{2}{10}$胸围档差）。

（二）后片推板（图6-18）
①单向放码点：在此例中后育克高度档差取0.4cm，该点在纵向基准线上，所以横向不变化，纵向沿y轴向上取0.4cm。x=0，y=0.4cm。

②双向放码点：沿x轴向右取$\dfrac{2}{10}$领围档差，y轴向上取0.4cm。x=$\dfrac{2}{10}$领围档差，y=0.4cm。

③双向放码点：沿x轴向右取$\dfrac{1}{2}$肩宽档差，y轴向上取0.4cm。x=$\dfrac{1}{2}$肩宽档差，y=0.4cm。

④单向放码点：此点在后袖窿切点附近，故其变化量参考袖窿切点的移动量。沿x轴向右取$\dfrac{1.8}{10}$胸围档差，y轴方向不变化。x=$\dfrac{1.8}{10}$胸围档差，y=0。

⑤单向放码点：位于纵向基准线上，所以横向不变化，纵向沿y轴取$\dfrac{2}{10}$胸围档差减去育克高度变化量0.4cm。x=0，y=$\dfrac{2}{10}$胸围档差-0.4cm。

⑥双向放码点：沿x轴向右取后片宽度变化量0.5cm，y轴方向变化与⑤点相同。x=0.5cm，y=$\dfrac{2}{10}$胸围档差-0.4cm。

⑦单向放码点：位于纵向基准线上，所以横向不变化，纵向沿y轴向下取衣长档差$-\dfrac{2}{10}$胸围档差。x=0，y=$-$（衣长档差$-\dfrac{2}{10}$胸围档差）。

⑧双向放码点：横向变化与⑥点相同，纵向变化与⑦点相同。x=0.5cm，y=$-$（衣长档

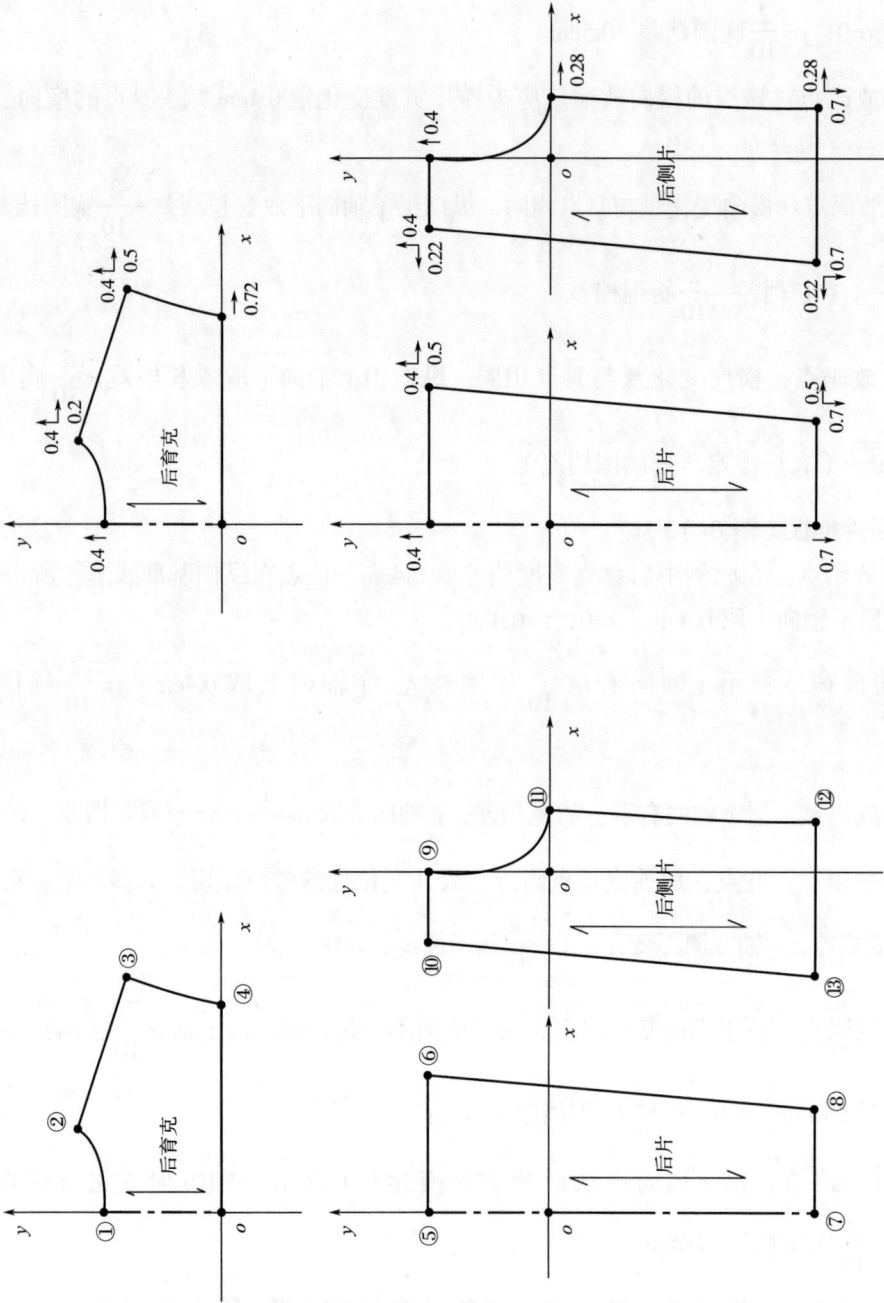

图 6-18　后片推板

差 $-\frac{2}{10}$ 胸围档差)。

⑨单向放码点：位于纵向基准线上，所以横向不变化，纵向沿 y 轴向上取 $\frac{2}{10}$ 胸围档差 $-$ 后育克高度变化量 0.4cm。$x=0$，$y=\frac{2}{10}$ 胸围档差 -0.4cm。

⑩双向放码点：后侧片的推板纵向基准线通过后袖窿切点，且样片宽度变化为 0.5cm，故此点横向变化量沿 x 轴向左取 0.5cm$-$（ $\frac{1}{4}$ 胸围档差 $-\frac{1.8}{10}$ 胸围档差 ），纵向变化与⑤点相同。$x=-0.22$cm，$y=\frac{2}{10}$ 胸围档差 -0.4cm。

⑪单向放码点：该点的横向放缩量为后侧片宽度变化量 0.5cm 减去⑩点的横向放缩量，纵向不变化。$x=0.28$cm，$y=0$。

⑫双向放码点：横向放缩量与⑪点相同，纵向沿 y 轴向下取衣长档差 $-\frac{2}{10}$ 胸围档差。$x=0.28$cm，$y=-$（ 衣长档差 $-\frac{2}{10}$ 胸围档差 ）。

⑬双向放码点：横向放缩量与⑩点相同，纵向沿 y 轴向下取衣长档差 $-\frac{2}{10}$ 胸围档差。$x=-0.22$cm，$y=-$（ 衣长档差 $-\frac{2}{10}$ 胸围档差 ）。

（三）袖子推板（图6-19）

①单向放码点：位于纵向基准线上，横向不变化，纵向沿 y 轴向上取 $\frac{1.5}{10}$ 胸围档差。$x=0$，$y=\frac{1.5}{10}$ 胸围档差。

②单向放码点：位于横向基准线上，纵向不变化，横向沿 x 轴向左取 $\frac{2}{10}$ 胸围档差。$x=-\frac{2}{10}$ 胸围档差，$y=0$。

③单向放码点：纵向不变化，横向沿 x 轴向右取 $\frac{2}{10}$ 胸围档差。$x=\frac{2}{10}$ 胸围档差，$y=0$。

④双向放码点：沿 x 轴向左取 $\frac{1}{2}$ 袖口围档差，y 轴向下取袖长档差 $-\frac{1.5}{10}$ 胸围档差。$x=-\frac{1}{2}$ 袖口围档差，$y=-$（ 袖长档差 $-\frac{1.5}{10}$ 胸围档差 ）。

⑤双向放码点：沿 x 轴向右取 $\frac{1}{2}$ 袖口围档差，y 轴向下取袖长档差 $-\frac{1.5}{10}$ 胸围档差。

大袖

小袖

大袖

小袖

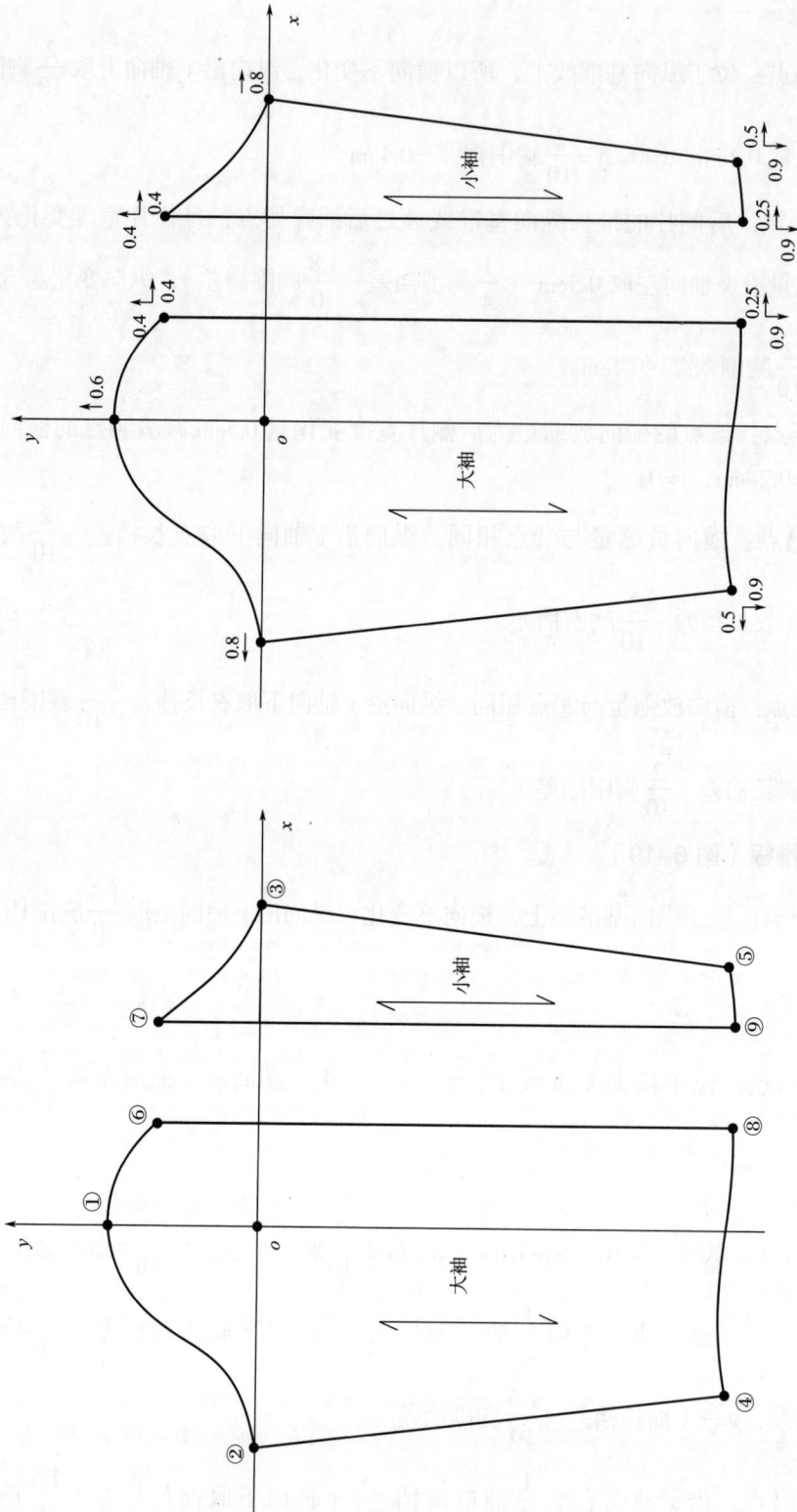

图6-19 袖子推板

$x=\dfrac{1}{2}$ 袖口围档差，$y=-\left($ 袖长档差 $-\dfrac{1.5}{10}$ 胸围档差 $\right)$。

⑥双向放码点：沿 x 轴向右取 $\dfrac{1}{2}$ 后袖肥档差，沿 y 轴向上取袖山高档差 $\times\dfrac{2}{3}$。$x=\dfrac{2}{10}$ 胸围档差 $\times\dfrac{1}{2}$，$y=\dfrac{1.5}{10}$ 胸围档差 $\times\dfrac{2}{3}$。

⑦双向放码点：沿 x 轴向右取 $\dfrac{1}{2}$ 后袖肥档差，沿 y 轴向上取袖山高档差 $\times\dfrac{2}{3}$。$x=\dfrac{2}{10}$ 胸围档差 $\times\dfrac{1}{2}$，$y=\dfrac{1.5}{10}$ 胸围档差 $\times\dfrac{2}{3}$。

⑧双向放码点：沿 x 轴向右取 $\dfrac{1}{4}$ 袖口围档差，沿 y 轴向下取袖长档差 $-\dfrac{1.5}{10}$ 胸围档差。$x=\dfrac{1}{4}$ 袖口围档差，$y=-\left($ 袖长档差 $-\dfrac{1.5}{10}$ 胸围档差 $\right)$。

⑨双向放码点：沿 x 轴向右取 $\dfrac{1}{4}$ 袖口围档差，沿 y 轴向下取袖长档差 $-\dfrac{1.5}{10}$ 胸围档差。$x=\dfrac{1}{4}$ 袖口围档差，$y=-\left($ 袖长档差 $-\dfrac{1.5}{10}$ 胸围档差 $\right)$。

（四）部件推板（图6-20）

①按照图6-20中所标注的计算公式及数据完成领子的推板。

②按照图6-20中所标注的计算公式及数据完成底边的推板。

③按照图6-20中所标注的计算公式及数据完成袖头的推板。

④按照图6-20中所标注的计算公式及数据完成袋盖的推板。

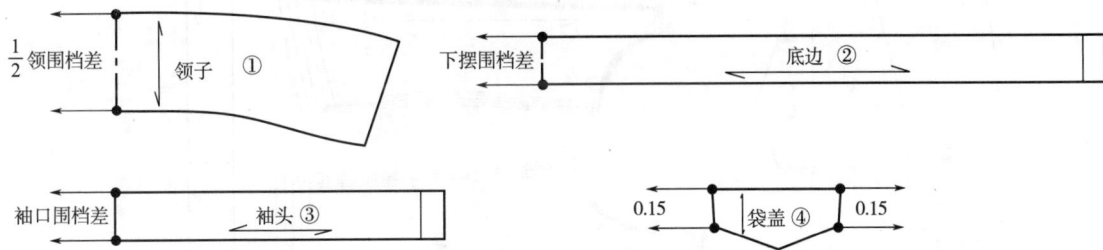

图6-20 部件推板

三、系列样板

首先按照图6-21所示的形式完成系列样板的绘制，然后分别将各个号型压印在样板纸上，再进行加放缝份和折边、文字标注、纱向标注、剪口及对位标记的标注、剪切，最后形成系列样板。

小袖

袖头

大袖

前育克

前片

前中片

底边

领子

袋盖

前侧片

后侧片

后育克

后片

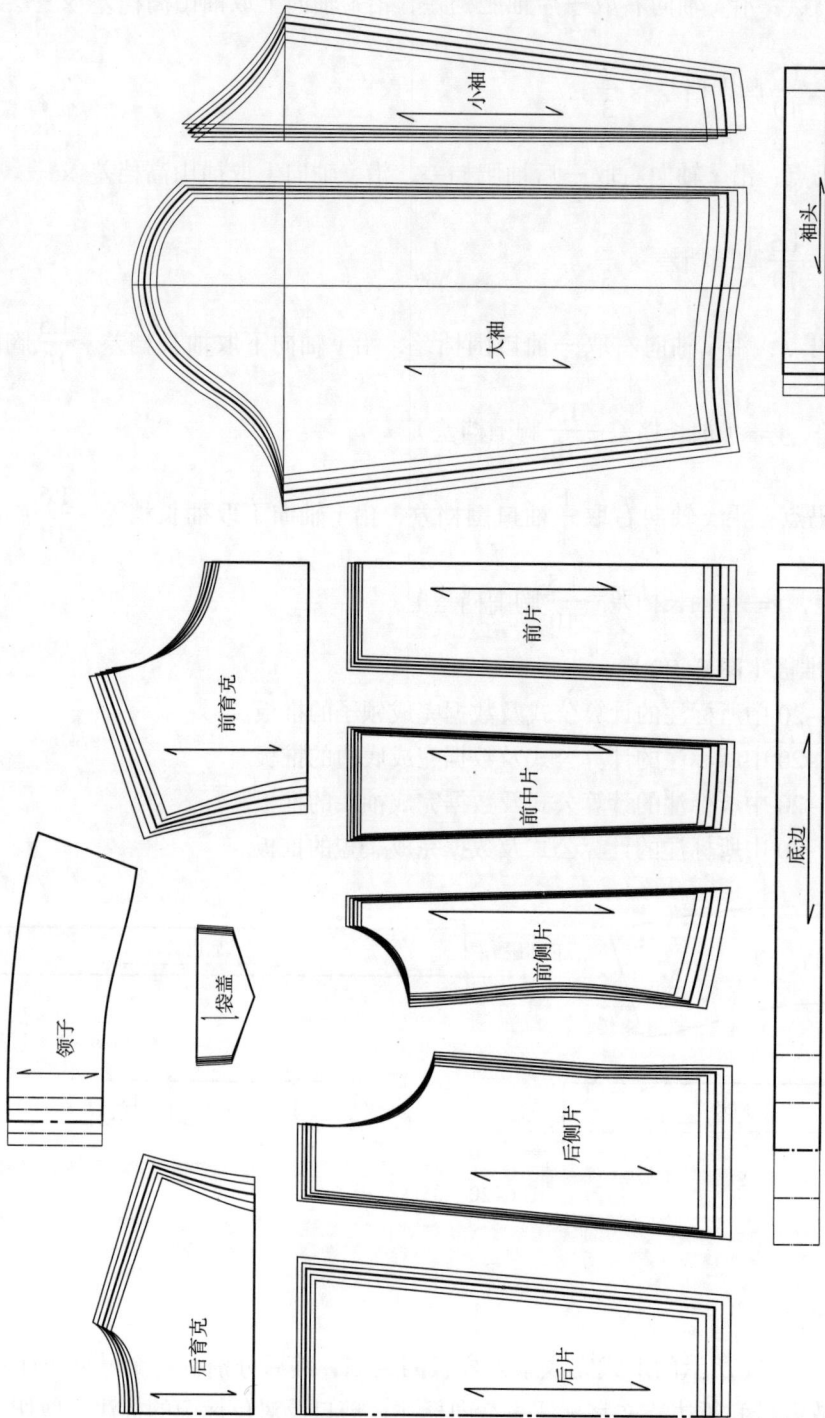

图 6-21 系列样板

参考习题

1．普通四开身服装的推板基准线是那些?

2．前后衣片中胸宽与背宽控制点如何放缩?

3．有分割线的服装在推板时要注意哪些问题?

4．在推板时一片袖的袖肥如何放缩?

5．设计5个号型的女衬衫规格表并完成推板。

第七章　三开身服装推板

第一节　女西服推板

一、前期准备工作

（一）推板说明

如图 7-1 所示，女西服属于三开身结构，驳领，两片袖。前片推板的坐标原点设置在前中线与袖窿深线的交点位置，后片推板的坐标原点设置在后中线与袖窿深线的交点位置，袖子推板的坐标原点在前袖线与袖山深线的交点位置。前后片围度的放缩量按照 $\frac{2}{10}$ 胸围档差计算，侧片围度的放缩量按照 $\frac{1}{10}$ 胸围档差计算，胸宽、背宽的放缩量按照 $\frac{1.8}{10}$ 胸围档差计算，袖山高的放缩量按照 $\frac{1.5}{10}$ 胸围档差计算，袖肥的放缩量按照 $\frac{1.5}{10}$ 胸围档差计算。对于其他部位的缩放量凡是有计算公式的按照公式计算，没有公式的按照该部位与相关部位的比例关系计算。例如，结构制图中前袖窿弧线与胸宽线的切点在袖窿深的 $\frac{1}{4}$ 位置，后袖窿弧线与背宽线的切点在袖窿深的 $\frac{1}{3}$ 位置，推板中前后袖窿切点的纵向放缩量分别取前后袖窿深放缩量

图 7-1　女西服款式图

的 $\frac{1}{4}$ 和 $\frac{1}{3}$。

（二）规格与档差（表7-1）

表7-1 女西服成品规格表

单位：cm

规格 部位	150/76A	155/80A	160/84A	165/88A	170/92A	档差
衣　长	60	62	64	66	68	2
胸　围	86	90	94	98	102	4
肩　宽	38	39	40	41	42	1
袖　长	55.5	57	58.5	60	61.5	1.5
袖口宽	12.2	12.6	13	13.4	13.8	0.4
腰节长	38	39	40	41	42	1
领　围	38	39	40	41	42	1

（三）结构制图（图7-2）

首先按照图7-2中所标注的计算公式及数据完成结构制图，然后将前衣片、后衣片、袖片、领子等分别压印在样板纸上，样片之间要留出一定的量，以免推板后相互重叠。

二、具体推板操作
（一）前片推板（图7-3）

①双向放码点：沿 x 轴向左取 $\frac{1}{10}$ 胸围档差，y 轴向上取 $\frac{2}{10}$ 胸围档差。$x=-\frac{1}{10}$ 胸围档差，$y=\frac{2}{10}$ 胸围档差。

②双向放码点：横向沿 x 轴向左取 $\frac{1}{10}$ 胸围档差，因领深档差取0.2cm，纵向沿 y 轴向上取 $\frac{2}{10}$ 胸围档差减领深档差0.2cm。$x=-\frac{1}{10}$ 胸围档差，$y=\frac{2}{10}$ 胸围档差 -0.2cm。

③双向放码点：此例中驳头宽度保持不变，故横向沿 x 轴向左取 $\frac{1}{10}$ 胸围档差，纵向移动量与②点相同。$x=-\frac{1}{10}$ 胸围档差，$y=\frac{2}{10}$ 胸围档差 -0.2cm。

④双向放码点：此例中驳头宽度保持不变，故此点放缩量与③点相同。$x=-\frac{1}{10}$ 胸围档差，$y=\frac{2}{10}$ 胸围档差 -0.2cm。

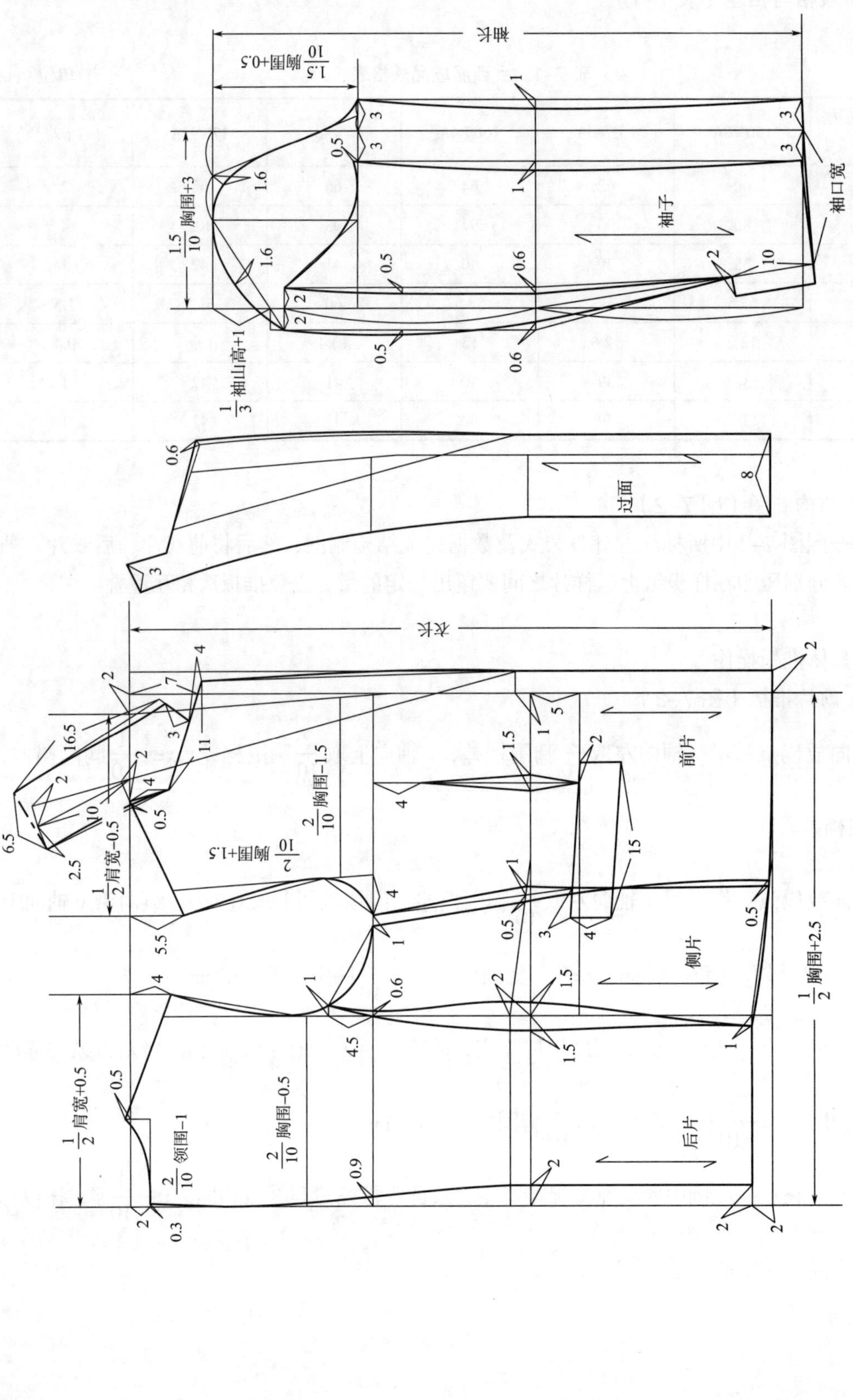

图7-2 女西服结构制图

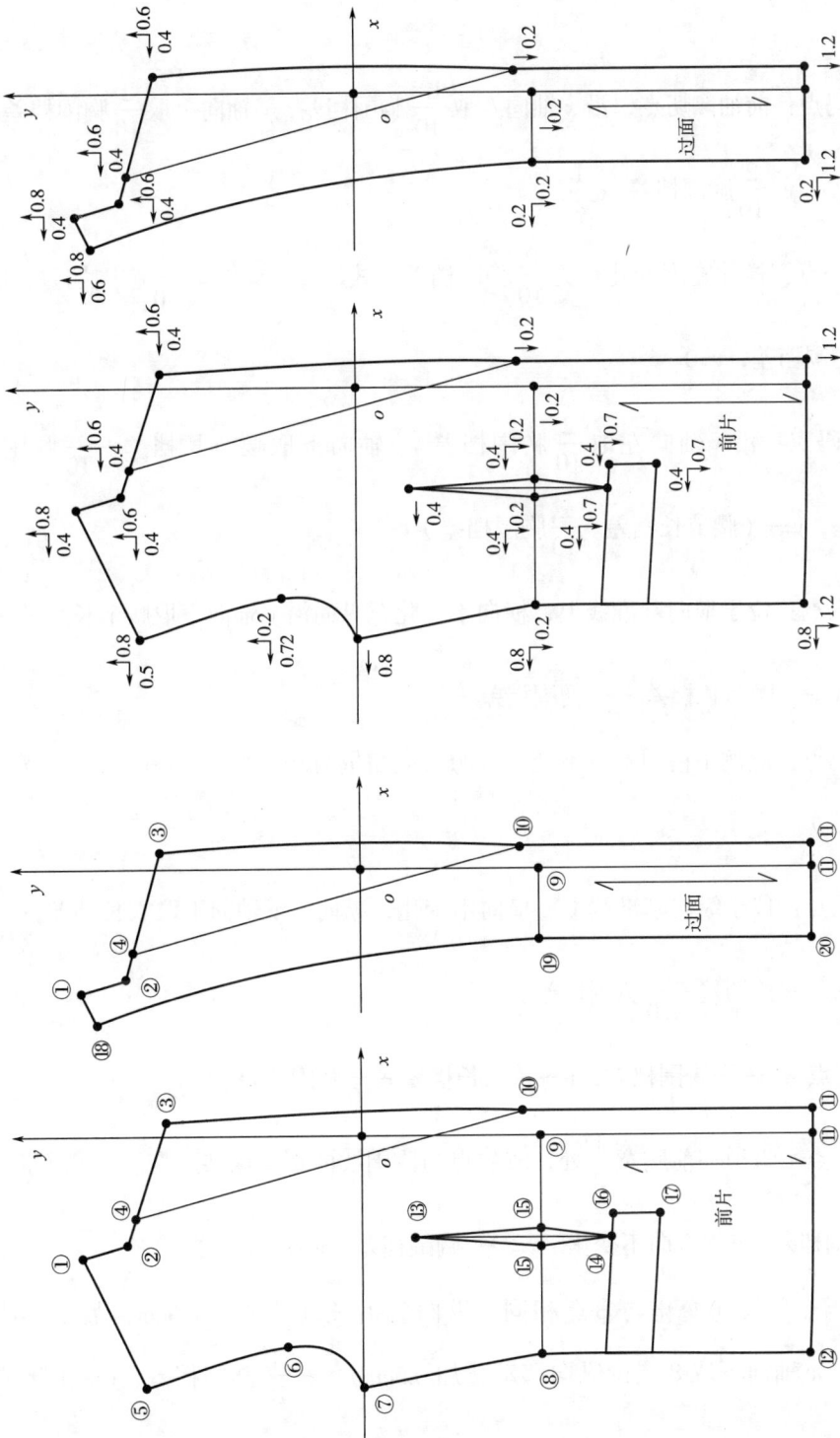

图 7-3 前片推板

⑤双向放码点：沿 x 轴向左取 $\frac{1}{2}$ 肩宽档差，y 轴向上取 $\frac{2}{10}$ 胸围档差。$x=-\frac{1}{2}$ 肩宽档差，$y=\frac{2}{10}$ 胸围档差。

⑥双向放码点：前袖窿切点，沿 x 轴向左取 $\frac{1.8}{10}$ 胸围档差，y 轴向上取 $\frac{2}{10}$ 胸围档差 $\times \frac{1}{4}$。$x=-\frac{1.8}{10}$ 胸围档差，$y=\frac{2}{10}$ 胸围档差 $\times \frac{1}{4}$。

⑦单向放码点：样片宽度变化量为 $\frac{2}{10}$ 胸围档差，故沿 x 轴向左取 $\frac{2}{10}$ 胸围档差，纵向不变化。$x=-\frac{2}{10}$ 胸围档差，$y=0$。

⑧双向放码点：沿 x 轴向左取 $\frac{2}{10}$ 胸围档差，y 轴向下取腰节长档差 $-\frac{2}{10}$ 胸围档差。$x=-\frac{2}{10}$ 胸围档差，$y=-$（腰节长档差 $-\frac{2}{10}$ 胸围档差）。

⑨单向放码点：位于横向基准线上，横向不变化，纵向沿 y 轴向下取腰节长档差 $-\frac{2}{10}$ 胸围档差。$x=0$，$y=-$（腰节长档差 $-\frac{2}{10}$ 胸围档差）。

⑩单向放码点：此例中搭门宽度不变，故⑩点放缩量与⑨点相同。$x=0$，$y=-$（腰节长档差 $-\frac{2}{10}$ 胸围档差）。

⑪单向放码点：位于纵向基准线上，横向不变化，纵向沿 y 轴向下取衣长档差 $-\frac{2}{10}$ 胸围档差。$x=0$，$y=-$（衣长档差 $-\frac{2}{10}$ 胸围档差）。

⑫双向放码点：$x=-\frac{2}{10}$ 胸围档差，$y=-$（衣长档差 $-\frac{2}{10}$ 胸围档差）。

⑬双向放码点：省道在前胸宽 $\frac{1}{2}$ 处，省尖点与胸围线的距离保持不变。故此点横向沿 x 轴向左取 $\frac{1}{10}$ 胸围档差，y 轴方向不变化。$x=-\frac{1}{10}$ 胸围档差，$y=0$。

⑭双向放码点：横向变化与⑬点相同，纵向省道长度档差为 $0.5cm$，故沿 x 轴向左取 $\frac{1}{10}$ 胸围档差，y 轴向下取⑧点的纵向移动量加 $0.5cm$。$x=-\frac{1}{10}$ 胸围档差，$y=-$（腰节长档差 $-\frac{2}{10}$ 胸围档差 $+0.5cm$）。

⑮双向放码点：此例中省道大小不变化。$x=-\frac{1}{10}$胸围档差，$y=-$（腰节长档差$-\frac{2}{10}$胸围档差）。

⑯双向放码点：此例中口袋与省道的相对位置不变化，故此点移动量与⑭点相同。$x=-\frac{1}{10}$胸围档差，$y=-$（腰节长档差$-\frac{2}{10}$胸围档差$+0.5$cm）。

⑰双向放码点：此例中口袋高度不变化，故此点移动量与⑯点相同。$x=-\frac{1}{10}$胸围档差，$y=-$（腰节长档差$-\frac{2}{10}$胸围档差$+0.5$cm）。

⑱双向放码点：该点纵向变化与前片①点相同，横向变化考虑过面宽度变化量为0.2cm。$x=-$（$\frac{1}{10}$胸围档差$+0.2$cm），$y=\frac{2}{10}$胸围档差。

⑲双向放码点：$x=-0.2$cm，$y=-$（腰节长档差$-\frac{2}{10}$胸围档差）。

⑳双向放码点：$x=-0.2$cm，$y=-$（衣长档差$-\frac{2}{10}$胸围档差）。

（二）后片、侧片推板（图7-4）

①双向放码点：沿x轴向右取$\frac{1}{10}$胸围档差，y轴向上取$\frac{2}{10}$胸围档差。$x=\frac{1}{10}$胸围档差，$y=\frac{2}{10}$胸围档差。

②双向放码点：沿x轴向右取$\frac{1}{2}$肩宽档差，y轴向上取$\frac{2}{10}$胸围档差。$x=\frac{1}{2}$肩宽档差，$y=\frac{2}{10}$胸围档差。

③单向放码点：处在纵向基准线上，横向不变化，纵向沿y轴向上取$\frac{2}{10}$胸围档差。$x=0$，$y=\frac{2}{10}$胸围档差。

④双向放码点：后袖窿切点，沿x轴向右取$\frac{1.8}{10}$胸围档差，y轴向上取$\frac{2}{10}$胸围档差$\times\frac{1}{3}$。$x=\frac{1.8}{10}$胸围档差，$y=\frac{2}{10}$胸围档差$\times\frac{1}{3}$。

⑤双向放码点：后片宽度的变化等于$\frac{2}{10}$胸围档差，故该点横向沿x轴向右取$\frac{2}{10}$胸围档差，纵向取0.2cm的变化量。$x=\frac{2}{10}$胸围档差，$y=0.2$cm。

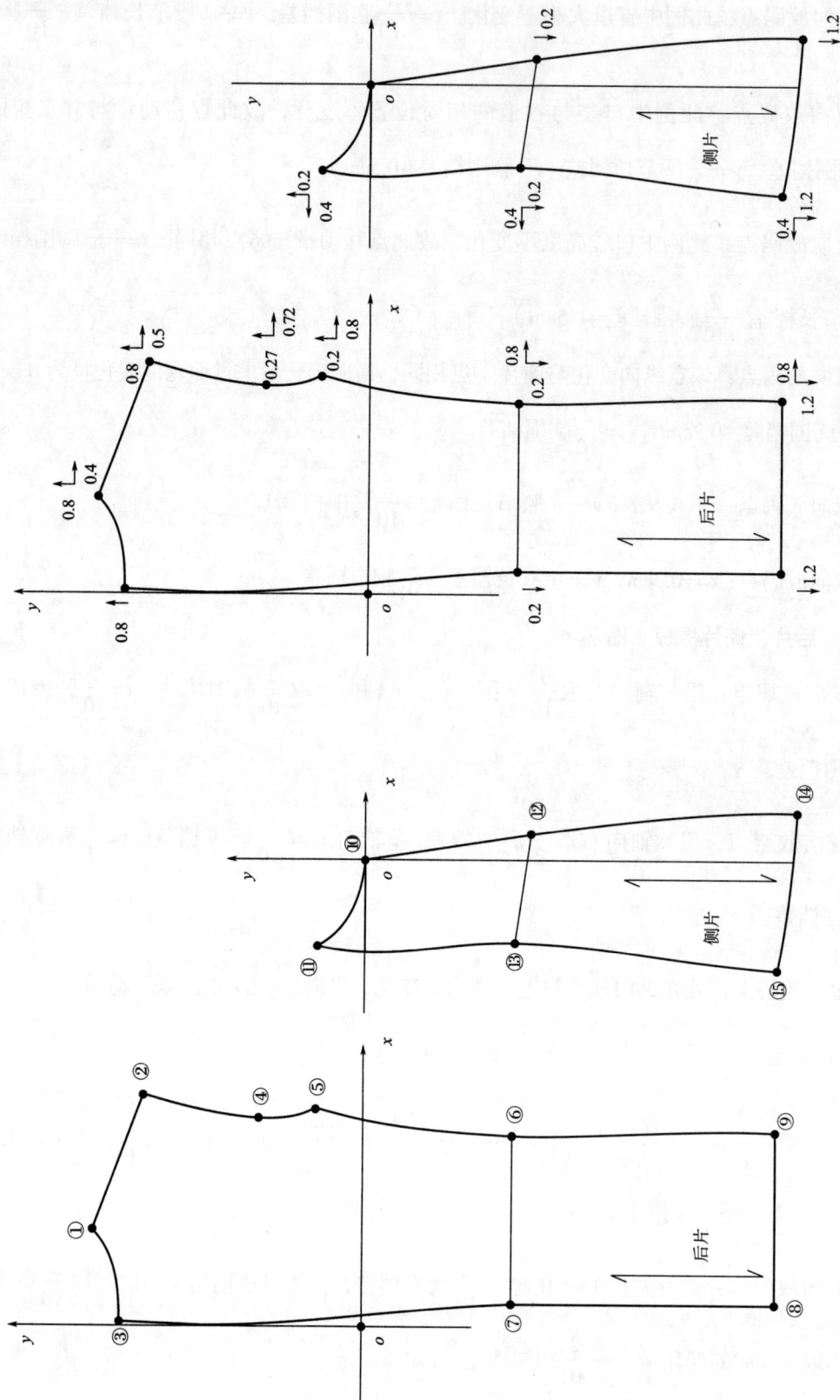

图 7-4　后片、侧片推板

⑥双向放码点：沿 x 轴向右取 $\frac{2}{10}$ 胸围档差，y 轴向下取腰节长档差 $-\frac{2}{10}$ 胸围档差。$x=\frac{2}{10}$ 胸围档差，$y=-$（腰节长档差 $-\frac{2}{10}$ 胸围档差）。

⑦单向放码点：位于纵向基准线上，故横向不变化，纵向沿 y 轴向下取腰节长档差 $-\frac{2}{10}$ 胸围档差。$x=0$，$y=-$（腰节长档差 $-\frac{2}{10}$ 胸围档差）。

⑧单向放码点：$x=0$，$y=-$（衣长档差 $-\frac{2}{10}$ 胸围档差）。

⑨双向放码点：$x=\frac{2}{10}$ 胸围档差，$y=-$（衣长档差 $-\frac{2}{10}$ 胸围档差）。

⑩固定点：$x=0$，$y=0$。

⑪双向放码点：侧片宽度变化为 $\frac{1}{10}$ 胸围档差，故沿 x 轴向左取 $\frac{1}{10}$ 胸围档差，y 轴向上取 0.2cm。$x=-\frac{1}{10}$ 胸围档差，$y=0.2\text{cm}$。

⑫单向放码点：横向不变化，纵向沿 y 轴向下取腰节长档差 $-\frac{2}{10}$ 胸围档差。$x=0$，$y=-$（腰节长档差 $-\frac{2}{10}$ 胸围档差）。

⑬双向放码点：沿 x 轴向左取 $\frac{1}{10}$ 胸围档差，y 轴向下取腰节档差 $-\frac{2}{10}$ 胸围档差。$x=-\frac{1}{10}$ 胸围档差，$y=-$（腰节长档差 $-\frac{2}{10}$ 胸围档差）。

⑭单向放码点：横向不变化，纵向沿 y 轴向下取衣长档差 $-\frac{2}{10}$ 胸围档差。$x=0$，$y=-$（衣长档差 $-\frac{2}{10}$ 胸围档差）。

⑮双向放码点：沿 x 轴向左取 $\frac{1}{10}$ 胸围档差，y 轴向下取衣长档差 $-\frac{2}{10}$ 胸围档差。$x=-\frac{1}{10}$ 胸围档差，$y=-$（衣长档差 $-\frac{2}{10}$ 胸围档差）。

（三）袖子推板（图7–5）

①固定点：$x=0$，$y=0$。

②双向放码点：沿 x 轴向左取 $\frac{1.5}{10}$ 胸围档差 $\times\frac{1}{2}$，y 轴向上取 $\frac{1.5}{10}$ 胸围档差。$x=-\frac{1.5}{10}$ 胸围档差 $\times\frac{1}{2}$，$y=\frac{1.5}{10}$ 胸围档差。

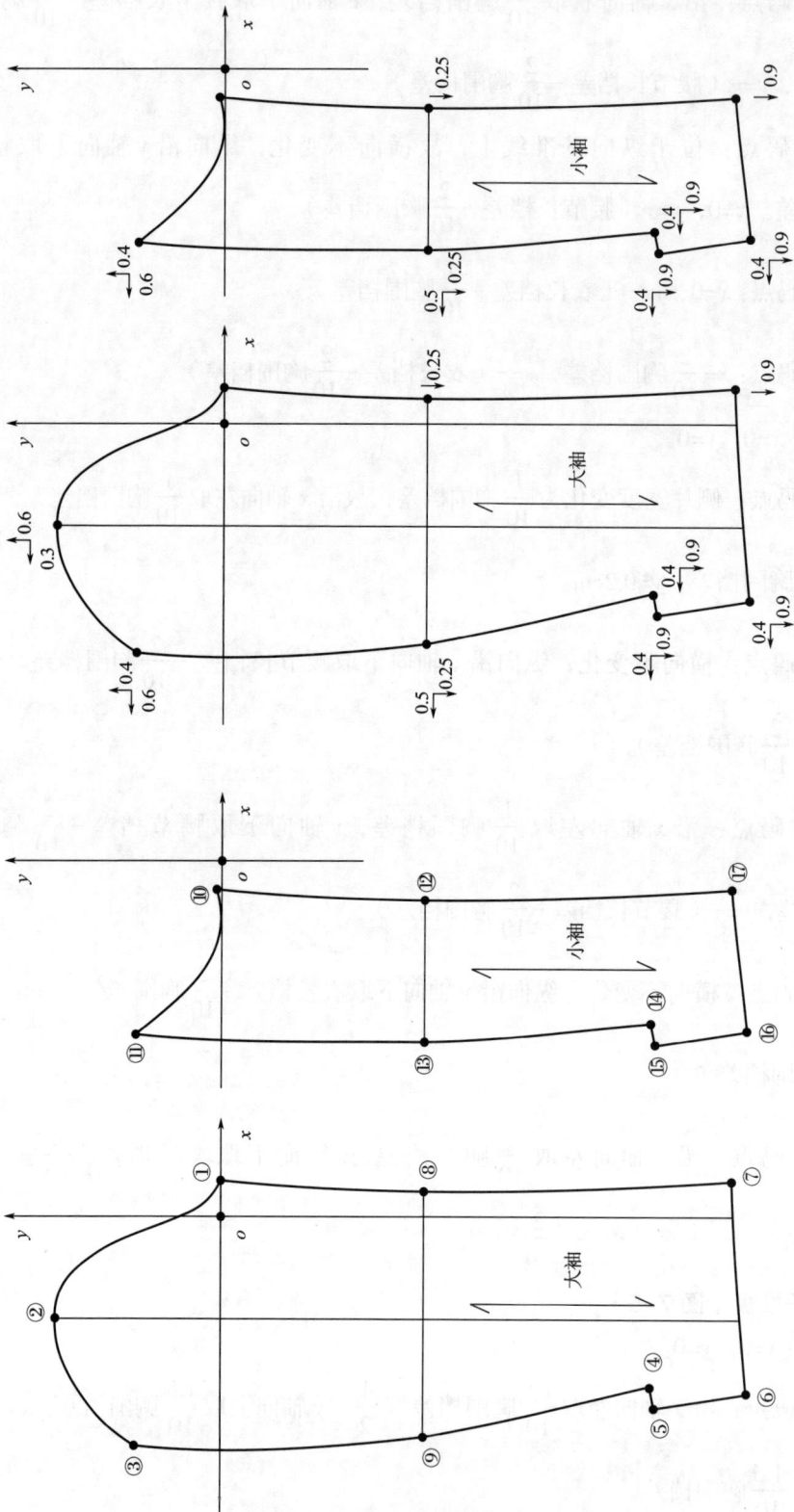

图 7-5 袖子推板

③双向放码点：沿 x 轴向左取 $\frac{1.5}{10}$ 胸围档差，y 轴向上取 $\frac{1.5}{10}$ 胸围档差 $\times \frac{2}{3}$。$x=-\frac{1.5}{10}$ 胸围档差，$y=\frac{1.5}{10}$ 胸围档差 $\times \frac{2}{3}$。

④双向放码点：沿 x 轴向左取袖口宽档差，y 轴向下取袖长档差 $-\frac{1.5}{10}$ 胸围档差。$x=-$ 袖口宽档差，$y=-$（袖长档差 $-\frac{1.5}{10}$ 胸围档差）。

⑤双向放码点：袖开衩长度及宽度保持不变，故此点横向沿 x 轴向左取袖口宽档差，纵向沿 y 轴向下取袖长档差 $-\frac{1.5}{10}$ 胸围档差。$x=-$ 袖口宽档差，$y=-$（袖长档差 $-\frac{1.5}{10}$ 胸围档差）。

⑥双向放码点：同⑤点。$x=-$ 袖口宽档差，$y=-$（袖长档差 $-\frac{1.5}{10}$ 胸围档差）。

⑦单向放码点：横向不变化，纵向沿 y 轴向下取袖长档差 $-\frac{1.5}{10}$ 胸围档差。$x=0$，$y=-$（袖长档差 $-\frac{1.5}{10}$ 胸围档差）。

⑧单向放码点：袖肘线位于③点到⑥点距离的 $\frac{1}{2}$ 处，故其纵向变化量为（袖长档差 $-\frac{1.5}{10}$ 胸围档差 $\times \frac{1}{3}$）$\times \frac{1}{2}$。横向变化量为零，纵向沿 y 轴向下取（袖长档差 $-\frac{1.5}{10}$ 胸围档差 $\times \frac{1}{3}$）$\times \frac{1}{2}-\frac{1.5}{10}$ 胸围档差 $\times \frac{2}{3}$。$x=0$，$y=-$［（袖长档差 $-\frac{1.5}{10}$ 胸围档差 $\times \frac{1}{3}$）$\times \frac{1}{2}-\frac{1.5}{10}$ 胸围档差 $\times \frac{2}{3}$］。

⑨双向放码点：沿 x 轴向左取③点与④点横向移动量之和的一半，y 轴移动量与⑧点相同。$x=-$（$\frac{1.5}{10}$ 胸围档差 $+$ 袖口档差）$\times \frac{1}{2}$，$y=-$［（袖长档差 $-\frac{1.5}{10}$ 胸围档差 $\times \frac{1}{3}$）$\times \frac{1}{2}-\frac{1.5}{10}$ 胸围档差 $\times \frac{2}{3}$］。

⑩固定点：$x=0$，$y=0$。

⑪双向放码点：与③点相同。$x=-\frac{1.5}{10}$ 胸围档差，$y=\frac{1.5}{10}$ 胸围档差 $\times \frac{2}{3}$。

⑫单向放码点：与⑧点相同。$x=0$，$y=-$［（袖长档差 $-\frac{1.5}{10}$ 胸围档差 $\times \frac{1}{3}$）$\times \frac{1}{2}-\frac{1.5}{10}$ 胸围档差 $\times \frac{2}{3}$］。

⑬双向放码点：与⑨点相同。$x=-$（$\frac{1.5}{10}$ 胸围档差 $+$ 袖口档差）$\times \frac{1}{2}$，$y=-$［（袖长档差 $-\frac{1.5}{10}$

胸围档差 $\times \dfrac{1}{3}$ ）$\times \dfrac{1}{2} - \dfrac{1.5}{10}$ 胸围档差 $\times \dfrac{2}{3}$]。

⑭双向放码点：与④点相同。$x=-$ 袖口宽档差，$y=-$（袖长档差 $-\dfrac{1.5}{10}$ 胸围档差）。

⑮双向放码点：与⑤点相同。$x=-$ 袖口宽档差，$y=-$（袖长档差 $-\dfrac{1.5}{10}$ 胸围档差）。

⑯双向放码点：与⑥点相同。$x=-$ 袖口宽档差，$y=-$（袖长档差 $-\dfrac{1.5}{10}$ 胸围档差）。

⑰单向放码点：与⑦点相同。$x=0$，$y=-$（袖长档差 $-\dfrac{1.5}{10}$ 胸围档差）。

（四）部件样板（图7-6）
①按照图7-6中所标注的计算公式及数据完成领子的推板。
②按照图7-6中所标注的计算公式及数据完成袋盖的推板。

图7-6　部件推板

三、系列样板

首先按照图7-7所示的形式完成系列样板的绘制，然后分别将各个号型压印在样板纸上，再进行加放缝份和折边、文字标注、纱向标注、剪口及对位标记的标注、剪切，最后形成系列样板。

第二节　男西服推板

一、前期准备工作
（一）推板说明
如图7-8所示，此款男西服为三开身结构，驳领、两片袖。前片推板的坐标原点设置在前中线与袖窿深线的交点位置，后片推板的坐标原点设置在后中线与袖窿深线的交点位置，袖子推板的坐标原点在前袖线与袖山深线的交点位置，领子推板的坐标原点在后领中线与领下口线的交点位置。前后片围度的放缩量按照 $\dfrac{2}{10}$ 胸围档差计算，侧片围度的放缩量按照 $\dfrac{1}{10}$ 胸围档差计算，胸宽、背宽的放缩量按照 $\dfrac{1.8}{10}$ 胸围档差计算，袖山高的放缩量按

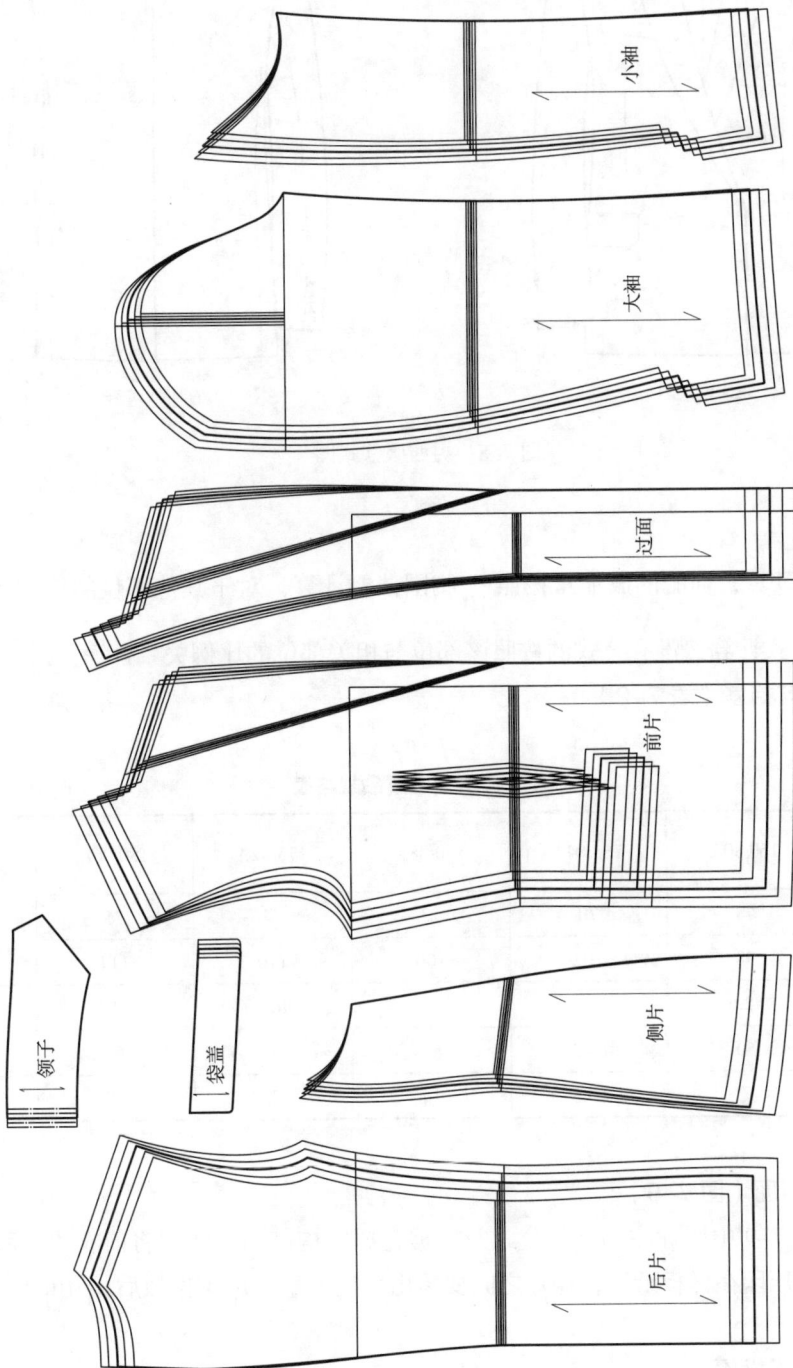

图 7-7 系列样板

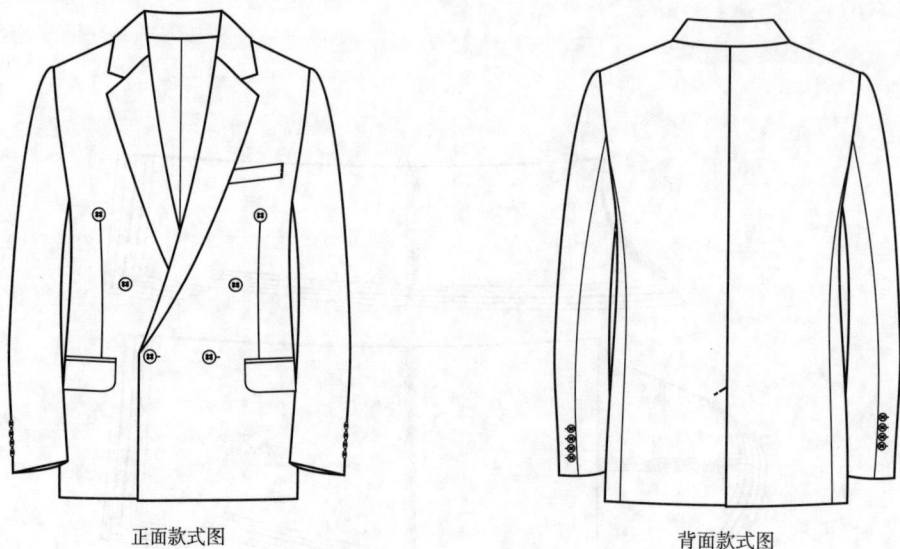

正面款式图　　　　　　　　　　　　背面款式图

图 7-8　男西服款式图

照 $\dfrac{1.5}{10}$ 胸围档差计算，袖肥的放缩量按照 $\dfrac{2}{10}$ 胸围档差计算，对于其他部位的放缩量凡是有计算公式的按照公式计算，没有公式的按照该部位与相关部位的比例关系计算。

（二）规格与档差（表 7-2）

表 7-2　男西服成品规格表　　　　　　　　　　　　　　　　单位：cm

部位　　规格	160/80A	165/84A	170/88A	175/92A	180/96A	档差
衣　长	68	70	72	74	76	2
胸　围	98	102	106	110	114	4
肩　宽	42.6	43.8	45	46.2	47.4	1.2
袖　长	60	61.5	63	64.5	66	1.5
袖口宽	13	13.5	14	14.5	15	0.5

（三）结构制图（图 7-9）

首先按照图 7-9 中所标注的计算公式及数据完成结构制图，然后将前衣片、后衣片、袖片、领子等分别压印在样板纸上，样片之间要留出一定的量，以免推板后相互重叠。

二、具体推板操作

（一）前片推板（图 7-10）

①双向放码点：沿 x 轴向左取 $\dfrac{1}{10}$ 胸围档差，y 轴向上取 $\dfrac{2}{10}$ 胸围档差。$x=-\dfrac{1}{10}$ 胸围档差，

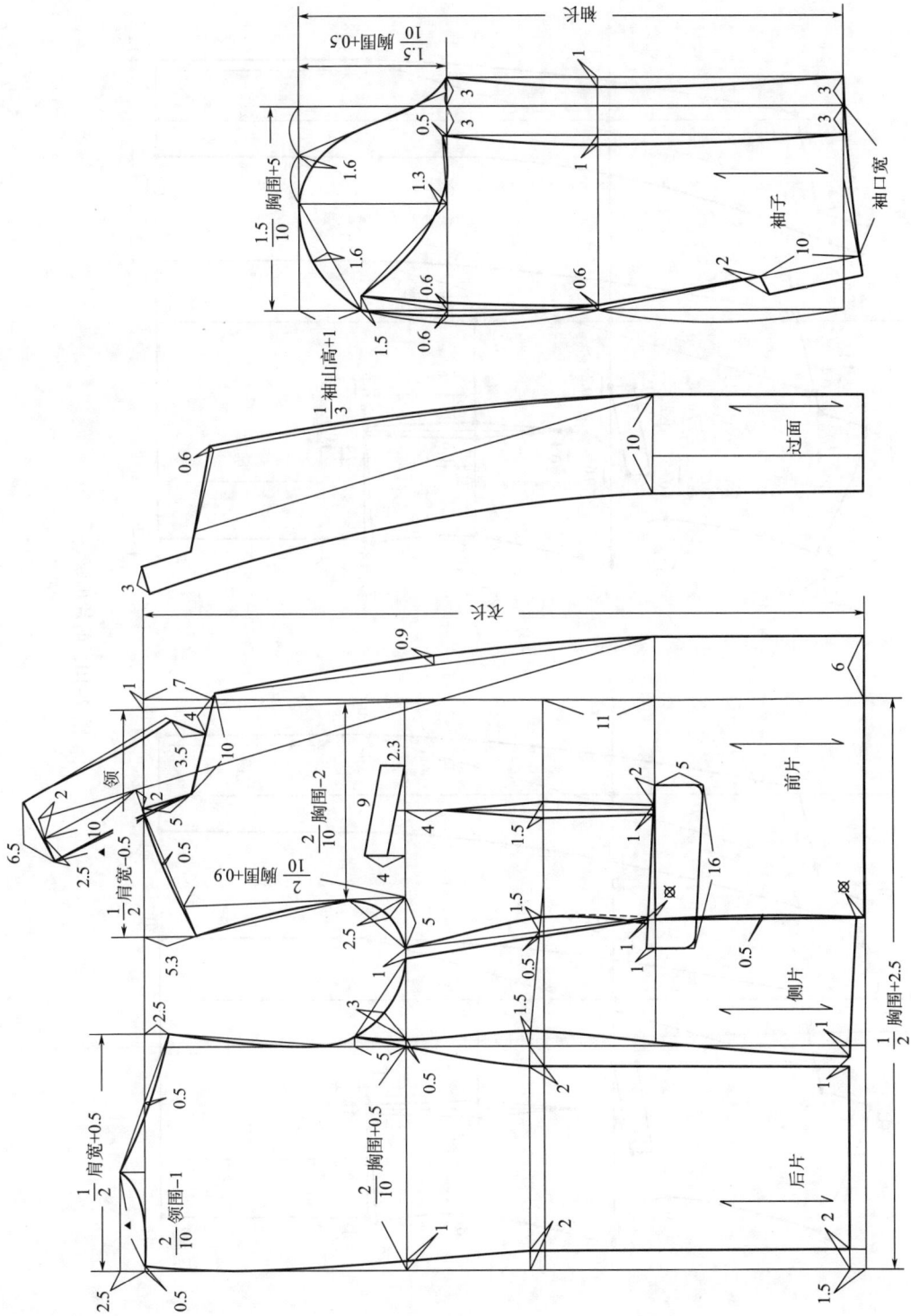

图 7-9 男西服结构制图

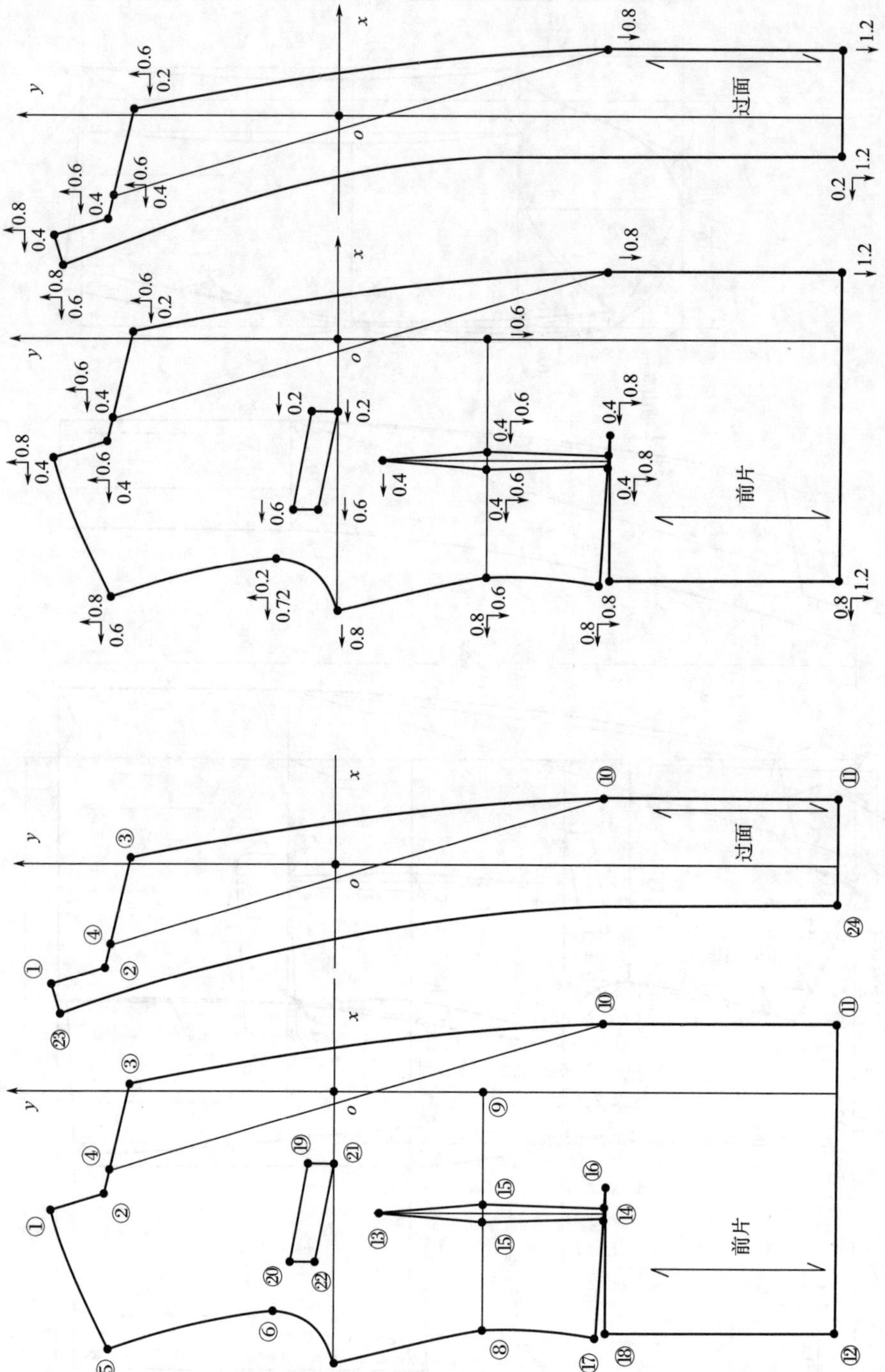

图 7-10 前片推板

$y=\dfrac{2}{10}$胸围档差。

②双向放码点：此例中领深变化量为 0.2cm，故该点放缩量沿 x 轴向左取 $\dfrac{1}{10}$ 胸围档差，y 轴向上取 $\dfrac{2}{10}$ 胸围档差减去领深档差 0.2cm。$x=-\dfrac{1}{10}$ 胸围档差，$y=\dfrac{2}{10}$ 胸围档差 -0.2cm。

③双向放码点：此例中驳头宽度变化为 0.2cm，故该点放缩量沿 x 轴向左取 $\dfrac{1}{10}$ 胸围档差 -0.2cm，y 轴与②点相同。$x=-\left(\dfrac{1}{10}\text{胸围档差}-0.2\text{cm}\right)$，$y=\dfrac{2}{10}$ 胸围档差 -0.2cm。

④双向放码点：与②点相同。$x=-\dfrac{1}{10}$ 胸围档差，$y=\dfrac{2}{10}$ 胸围档差 -0.2cm。

⑤双向放码点：沿 x 轴向左取 $\dfrac{1}{2}$ 肩宽档差，y 轴向上取 $\dfrac{2}{10}$ 胸围档差。$x=-\dfrac{1}{2}$ 肩宽档差，$y=\dfrac{2}{10}$ 胸围档差。

⑥双向放码点：前袖窿切点，沿 x 轴向左取 $\dfrac{1.8}{10}$ 胸围档差，y 轴向上取 $\dfrac{2}{10}$ 胸围档差 $\times\dfrac{1}{4}$。$x=-\dfrac{1.8}{10}$ 胸围档差，$y=\dfrac{2}{10}$ 胸围档差 $\times\dfrac{1}{4}$。

⑦单向放码点：前片宽度变化量等于 $\dfrac{2}{10}$ 胸围档差，该点横向沿 x 轴向左取 $\dfrac{2}{10}$ 胸围档差，纵向不变化。$x=-\dfrac{2}{10}$ 胸围档差，$y=0$。

⑧双向放码点：沿 x 轴向左取 $\dfrac{2}{10}$ 胸围档差，y 轴向下取（衣长档差 $-\dfrac{2}{10}$ 胸围档差）$\times\dfrac{1}{2}$。$x=-\dfrac{2}{10}$ 胸围档差，$y=-$（衣长档差 $-\dfrac{2}{10}$ 胸围档差）$\times\dfrac{1}{2}$。

⑨单向放码点：位于纵向基准线上，横向不变化，纵向变化与⑧点相同。$x=0$，$y=-$（衣长档差 $-\dfrac{2}{10}$ 胸围档差）$\times\dfrac{1}{2}$。

⑩单向放码点：该点横向不变化，纵向放缩量比⑨点大 0.2cm。$x=0$，$y=-\left[\left(\text{衣长档差}-\dfrac{2}{10}\text{胸围档差}\right)\times\dfrac{1}{2}+0.2\text{cm}\right]$。

⑪单向放码点：横向不变化，纵向沿 y 轴向下取衣长档差 $-\dfrac{2}{10}$ 胸围档差。$x=0$，$y=-$（衣长档差 $-\dfrac{2}{10}$ 胸围档差）。

⑫双向放码点：$x=-\frac{2}{10}$胸围档差，$y=-$（衣长档差$-\frac{2}{10}$胸围档差）。

⑬双向放码点：省道在胸宽的$\frac{1}{2}$处，纵向与胸围线的距离保持不变，故此点放缩量沿x轴向左取$\frac{1}{10}$胸围档差，y轴方向不变化。$x=-\frac{1}{10}$胸围档差，$y=0$。

⑭双向放码点：此例中取袋位与腰线间的长度档差为0.2cm，此点横向变化量与⑬点相同，纵向沿y轴向下取⑧点的纵向放缩量加0.2cm。$x=-\frac{1}{10}$胸围档差，$y=-\left[\left(衣长档差-\frac{2}{10}胸围档差\right)\times\frac{1}{2}+0.2cm\right]$。

⑮双向放码点：此例中省道大小不变化。此点横向变化与⑬点相同，纵向变化与⑧点相同。$x=-\frac{1}{10}$胸围档差，$y=-$（衣长档差$-\frac{2}{10}$胸围档差）$\times\frac{1}{2}$。

⑯双向放码点：此例中口袋与省道的相对位置不变化，故此点放缩量与⑭点相同。$x=-\frac{1}{10}$胸围档差，$y=-\left[\left(衣长档差-\frac{2}{10}胸围档差\right)\times\frac{1}{2}+0.2cm\right]$。

⑰双向放码点：沿x轴向左取$\frac{2}{10}$胸围档差，y轴方向与⑭点相同。$x=-\frac{2}{10}$胸围档差，$y=-\left[\left(衣长档差-\frac{2}{10}胸围档差\right)\times\frac{1}{2}+0.2cm\right]$。

⑱双向放码点：与⑰点相同。$x=-\frac{2}{10}$胸围档差，$y=-\left[\left(衣长档差-\frac{2}{10}胸围档差\right)\times\frac{1}{2}+0.2cm\right]$。

⑲单向放码点：因前片省道在手巾袋长度$\frac{1}{2}$处，省道的横向变化量为$\frac{1}{10}$胸围档差，且手巾袋的长度档差为0.4cm，所以此点沿x轴向左取0.2cm，纵向不变化。$x=-0.2cm$，$y=0$。

⑳单向放码点：手巾袋长度档差为0.4cm，高度不变，故此点沿x轴向左取0.6cm，y轴不变化。$x=-0.6cm$，$y=0$。

㉑单向放码点：与⑲点相同。$x=-0.2cm$，$y=0$。

㉒单向放码点：与⑳点相同。$x=-0.6cm$，$y=0$。

㉓双向放码点：该点纵向变化与前片相同，横向变化考虑过面宽度变化量为0.2cm。$x=-\left(\frac{1}{10}胸围档差+0.2cm\right)$，$y=\frac{2}{10}$胸围档差。

㉔双向放码点：该点纵向变化与前片相同，横向变化考虑过面宽度变化量为0.2cm。$x=-0.2cm$，$y=-$（衣长档差$-\frac{2}{10}$胸围档差）。

（二）后片、侧片推板（图7-11）

①双向放码点：沿 x 轴向右取 $\frac{1}{10}$ 胸围档差，y 轴向上取 $\frac{2}{10}$ 胸围档差。$x=\frac{1}{10}$ 胸围档差，$y=\frac{2}{10}$ 胸围档差。

②双向放码点：沿 x 轴向右取 $\frac{1}{2}$ 肩宽档差，y 轴向上取 $\frac{2}{10}$ 胸围档差。$x=\frac{1}{2}$ 肩宽档差，$y=\frac{2}{10}$ 胸围档差。

③单向放码点：处在纵向基准线上，横向不变化，纵向沿 y 轴向上取 $\frac{2}{10}$ 胸围档差。$x=0$，$y=\frac{2}{10}$ 胸围档差。

④双向放码点：后袖窿切点，沿 x 轴向右取 $\frac{1.8}{10}$ 胸围档差，y 轴向上取 $\frac{2}{10}$ 胸围档差 $\times \frac{1}{3}$。$x=\frac{1.8}{10}$ 胸围档差，$y=\frac{2}{10}$ 胸围档差 $\times \frac{1}{3}$。

⑤双向放码点：后片宽度变化量等于 $\frac{2}{10}$ 胸围档差，故沿 x 轴向右取 $\frac{2}{10}$ 胸围档差，纵向沿 y 轴向上取 0.2cm 的变化量。$x=\frac{2}{10}$ 胸围档差，$y=0.2$cm。

⑥双向放码点：沿 x 轴向右取 $\frac{2}{10}$ 胸围档差，y 轴向下取（衣长档差 $-\frac{2}{10}$ 胸围档差）$\times \frac{1}{2}$。$x=\frac{2}{10}$ 胸围档差，$y=-$（衣长档差 $-\frac{2}{10}$ 胸围档差）$\times \frac{1}{2}$。

⑦单向放码点：位于纵向基准线上，故横向不变化，纵向沿 y 轴向下取（衣长档差 $-\frac{2}{10}$ 胸围档差）$\times \frac{1}{2}$。$x=0$，$y=-$（衣长档差 $-\frac{2}{10}$ 胸围档差）$\times \frac{1}{2}$。

⑧单向放码点：$x=0$，$y=-$（衣长档差 $-\frac{2}{10}$ 胸围档差）。

⑨双向放码点：$x=\frac{2}{10}$ 胸围档差，$y=-$（衣长档差 $-\frac{2}{10}$ 胸围档差）。

⑩固定点：$x=0$，$y=0$。

⑪双向放码点：侧片宽度变化量为 $\frac{1}{10}$ 胸围档差，故沿 x 轴向左取 $\frac{1}{10}$ 胸围档差，y 轴向上取 0.2cm。$x=-\frac{1}{10}$ 胸围档差，$y=0.2$cm。

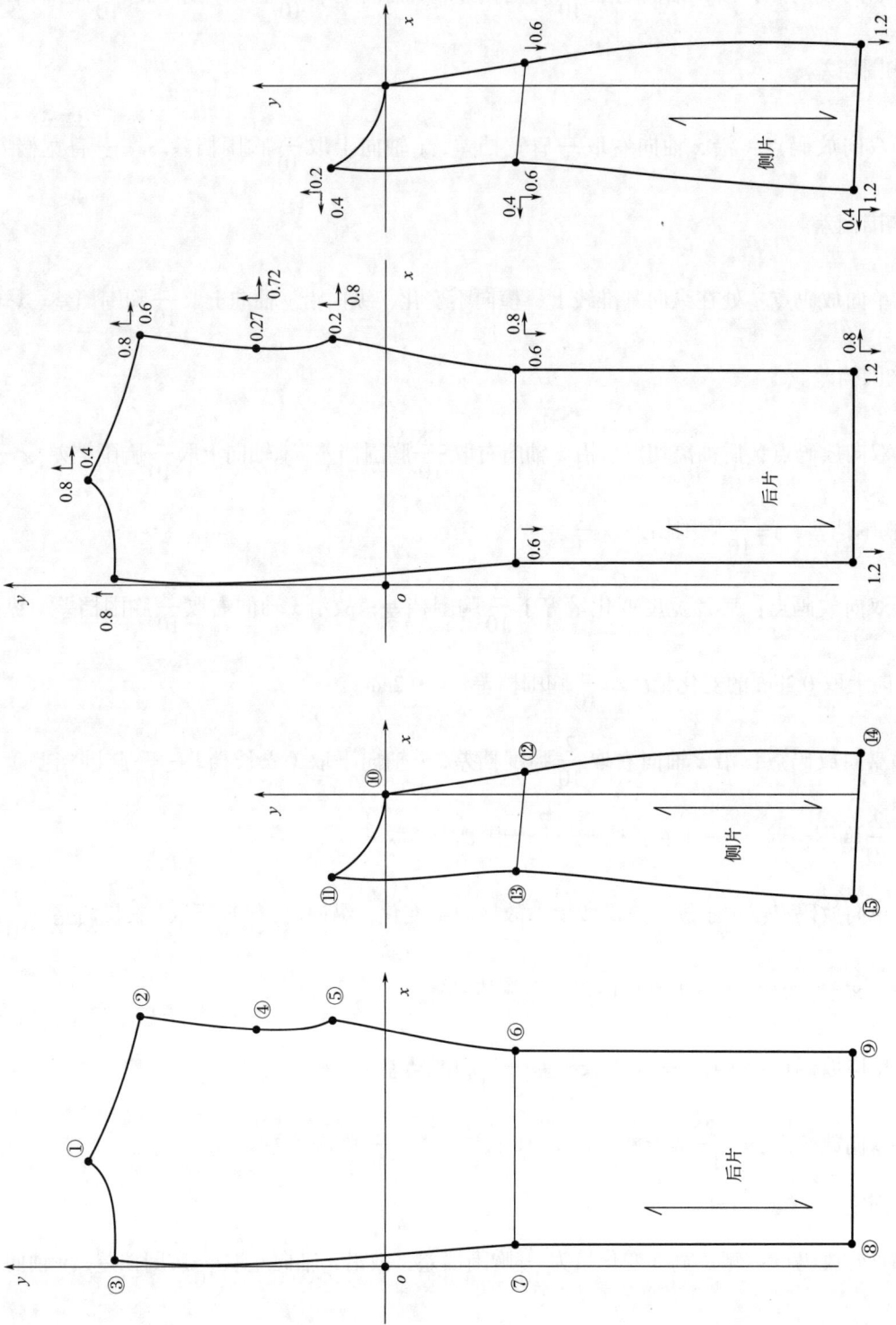

图7-11 后片、侧片推板

⑫单向放码点：x 轴方向不变化，纵向沿 y 轴向下取（衣长档差 $-\dfrac{2}{10}$ 胸围档差）$\times \dfrac{1}{2}$。

$x=0$，$y=-$（衣长档差 $-\dfrac{2}{10}$ 胸围档差）$\times \dfrac{1}{2}$。

⑬双向放码点：沿 x 轴向左取 $\dfrac{1}{10}$ 胸围档差，y 轴向下取（衣长档差 $-\dfrac{2}{10}$ 胸围档差）$\times \dfrac{1}{2}$。

$x=-\dfrac{1}{10}$ 胸围档差，$y=-$（衣长档差 $-\dfrac{2}{10}$ 胸围档差）$\times \dfrac{1}{2}$。

⑭单向放码点：x 轴方向不变化，纵向沿 y 轴向下取衣长档差 $-\dfrac{2}{10}$ 胸围档差。$x=0$，

$y=-$（衣长档差 $-\dfrac{2}{10}$ 胸围档差）。

⑮双向放码点：沿 x 轴向左取 $\dfrac{1}{10}$ 胸围档差，y 轴向下取衣长档差 $-\dfrac{2}{10}$ 胸围档差。

$x=-\dfrac{1}{10}$ 胸围档差，$y=-$（衣长档差 $-\dfrac{2}{10}$ 胸围档差）。

（三）袖子推板（图 7-12）

①固定点：$x=0$，$y=0$。

②双向放码点：沿 x 轴向左取 $\dfrac{1}{10}$ 胸围档差，y 轴向上取 $\dfrac{1.5}{10}$ 胸围档差。$x=-\dfrac{1}{10}$ 胸围档差，

$y=\dfrac{1.5}{10}$ 胸围档差。

③双向放码点：沿 x 轴向左取 $\dfrac{2}{10}$ 胸围档差，y 轴向上取 $\dfrac{1.5}{10}$ 胸围档差 $\times \dfrac{2}{3}$。$x=-\dfrac{2}{10}$ 胸围

档差，$y=\dfrac{1.5}{10}$ 胸围档差 $\times \dfrac{2}{3}$。

④双向放码点：沿 x 轴向左取袖口宽档差，y 轴向下取袖长档差 $-\dfrac{1.5}{10}$ 胸围档差。$x=-$ 袖

口宽档差，$y=-$（袖长档差 $-\dfrac{1.5}{10}$ 胸围档差）。

⑤双向放码点：袖开衩长度及宽度保持不变，故此点沿 x 轴向左取袖口宽档差，y 轴向

下取袖长档差 $-\dfrac{1.5}{10}$ 胸围档差。$x=-$ 袖口宽档差，$y=-$（袖长档差 $-\dfrac{1.5}{10}$ 胸围档差）。

⑥双向放码点：同⑤点。$x=-$ 袖口宽档差，$y=-$（袖长档差 $-\dfrac{1.5}{10}$ 胸围档差）。

⑦单向放码点：横向不变化，纵向沿 y 轴向下取袖长档差 $-\dfrac{1.5}{10}$ 胸围档差。$x=0$，$y=-$（袖

长档差 $-\dfrac{1.5}{10}$ 胸围档差）。

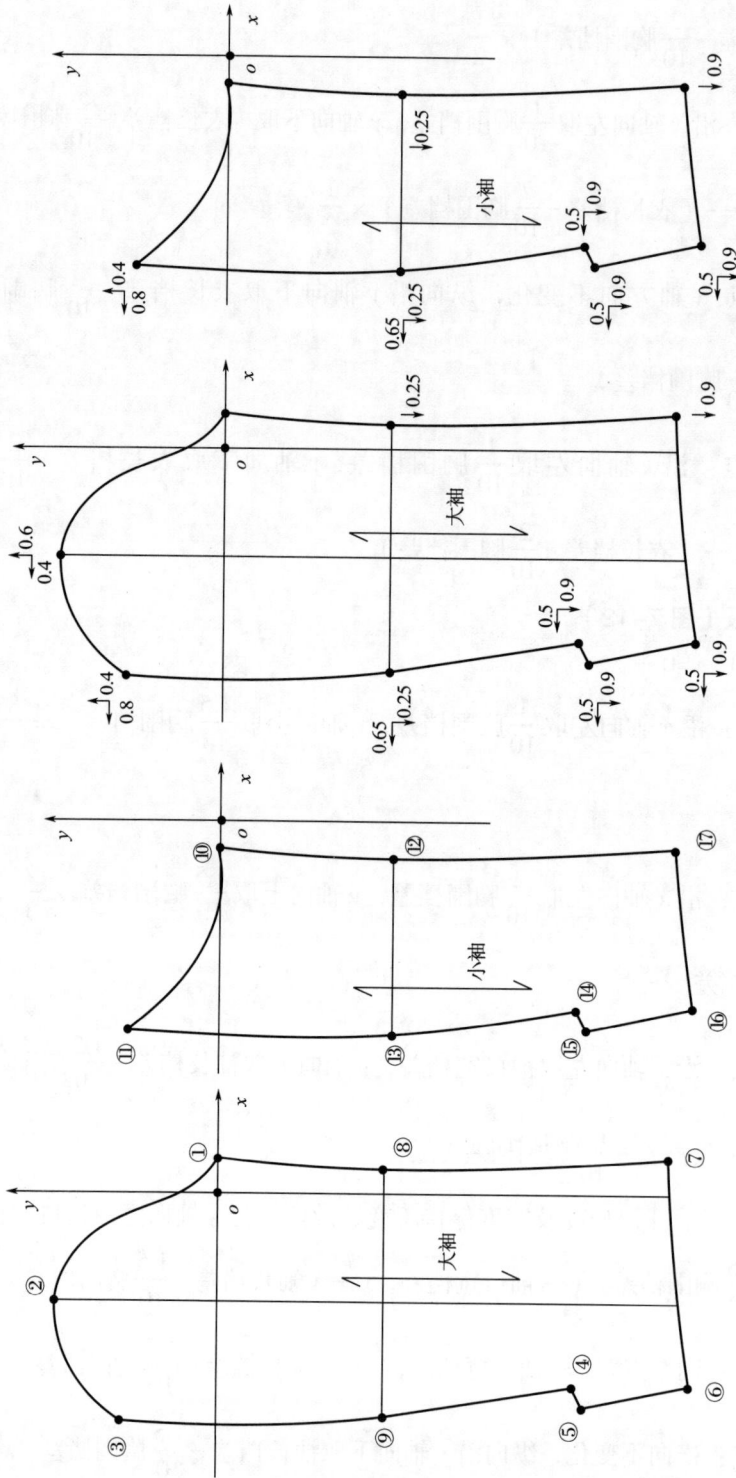

图7-12　袖子推板

⑧单向放码点：横向不变化，纵向因为袖肘线位于③点到⑥点距离的 $\frac{1}{2}$ 处，故其纵向变化量为（袖长档差 $-\frac{1.5}{10}$ 胸围档差 $\times \frac{1}{3}$ ）$\times \frac{1}{2}$，所以该点沿 y 轴向下取（袖长档差 $-\frac{1.5}{10}$ 胸围档差 $\times \frac{1}{3}$ ）$\times \frac{1}{2} -\frac{1.5}{10}$ 胸围档差 $\times \frac{2}{3}$。$x=0$，$y=-$ [（袖长档差 $-\frac{1.5}{10}$ 胸围档差 $\times \frac{1}{3}$ ）$\times \frac{1}{2} -\frac{1.5}{10}$ 胸围档差 $\times \frac{2}{3}$]。

⑨双向放码点：沿 x 轴向左取③点与④点横向放缩量之和的一半，纵向放缩量与⑧点相同。$x=-$（ $\frac{2}{10}$ 胸围档差 + 袖口档差 ）$\times \frac{1}{2}$，$y=-$ [（袖长档差 $-\frac{1.5}{10}$ 胸围档差 $\times \frac{1}{3}$ ）$\times \frac{1}{2} -\frac{1.5}{10}$ 胸围档差 $\times \frac{2}{3}$]。

⑩固定点：$x=0$，$y=0$。

⑪双向放码点：与③点相同。$x=-\frac{2}{10}$ 胸围档差，$y=\frac{1.5}{10}$ 胸围档差 $\times \frac{2}{3}$。

⑫单向放码点：与⑧点相同。$x=0$，$y=-$ [（袖长档差 $-\frac{1.5}{10}$ 胸围档差 $\times \frac{1}{3}$ ）$\times \frac{1}{2} -\frac{1.5}{10}$ 胸围档差 $\times \frac{2}{3}$]。

⑬双向放码点：与⑨点相同。$x=-$（ $\frac{2}{10}$ 胸围档差 + 袖口档差 ）$\times \frac{1}{2}$，$y=-$ [（袖长档差 $-\frac{1.5}{10}$ 胸围档差 $\times \frac{1}{3}$ ）$\times \frac{1}{2} -\frac{1.5}{10}$ 胸围档差 $\times \frac{2}{3}$]。

⑭双向放码点：与④点相同。$x=-$ 袖口宽档差，$y=-$（袖长档差 $-\frac{1.5}{10}$ 胸围档差 ）。

⑮双向放码点：与⑤点相同。$x=-$ 袖口宽档差，$y=-$（袖长档差 $-\frac{1.5}{10}$ 胸围档差 ）。

⑯双向放码点：与⑥点相同。$x=-$ 袖口宽档差，$y=-$（袖长档差 $-\frac{1.5}{10}$ 胸围档差 ）。

⑰单向放码点：与⑦点相同。$x=0$，$y=-$（袖长档差 $-\frac{1.5}{10}$ 胸围档差 ）。

（四）领子推板（图7-13）

①固定点：$x=0$，$y=0$。

②单向放码点：横向不变化，纵向沿 y 轴向上取领宽档差 0.2cm。$x=0$，$y=$ 领宽档差。

③双向放码点：沿 x 轴向右取 $\frac{1}{10}$ 胸围档差，y 轴向上取领宽档差。$x=\frac{1}{10}$ 胸围档差，$y=$ 领宽档差。

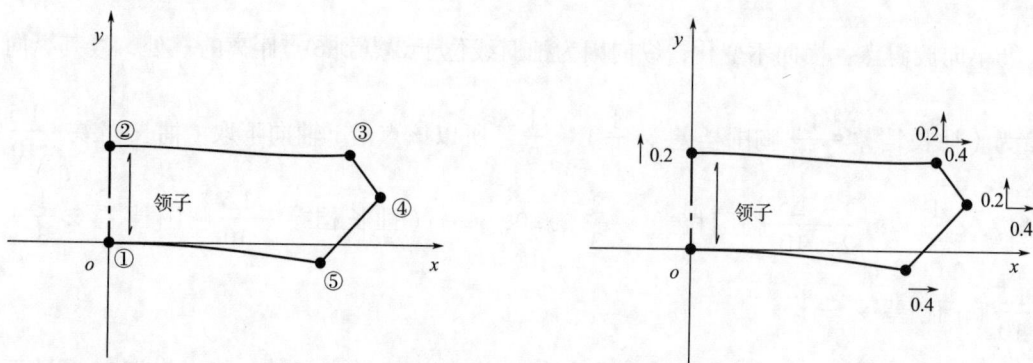

图 7-13　领子推板

④双向放码点：沿 x 轴向右取 $\frac{1}{10}$ 胸围档差，y 轴向上取领宽档差。$x=\frac{1}{10}$ 胸围档差，$y=$ 领宽档差。

⑤单向放码点：沿 x 轴向右取 $\frac{1}{10}$ 胸围档差，纵向不变化。$x=\frac{1}{10}$ 胸围档差，$y=0$。

（五）部件样板（图 7-14）

按照图 7-14 中所标注的计算公式及数据完成袋盖的推板。

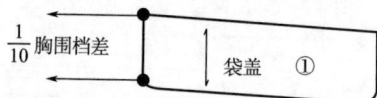

图 7-14　部件推板

三、系列样板

首先按照图 7-15 所示的形式完成系列样板的绘制，然后分别将各个号型压印在样板纸上，再进行加放缝份和折边、文字标注、纱向标注、剪口及对位标记的标注、剪切，最后形成系列样板。

参考习题

1. 三开身服装的推板基准线有哪些？
2. 三开身与四开身服装在围度方向的放缩有何区别？
3. 两片袖的推板基准线有哪些？
4. 设计 5 个号型有公主线分割的女西服规格表并完成推板。
5. 设计 5 个号型的男戗驳领西服规格表并完成推板。

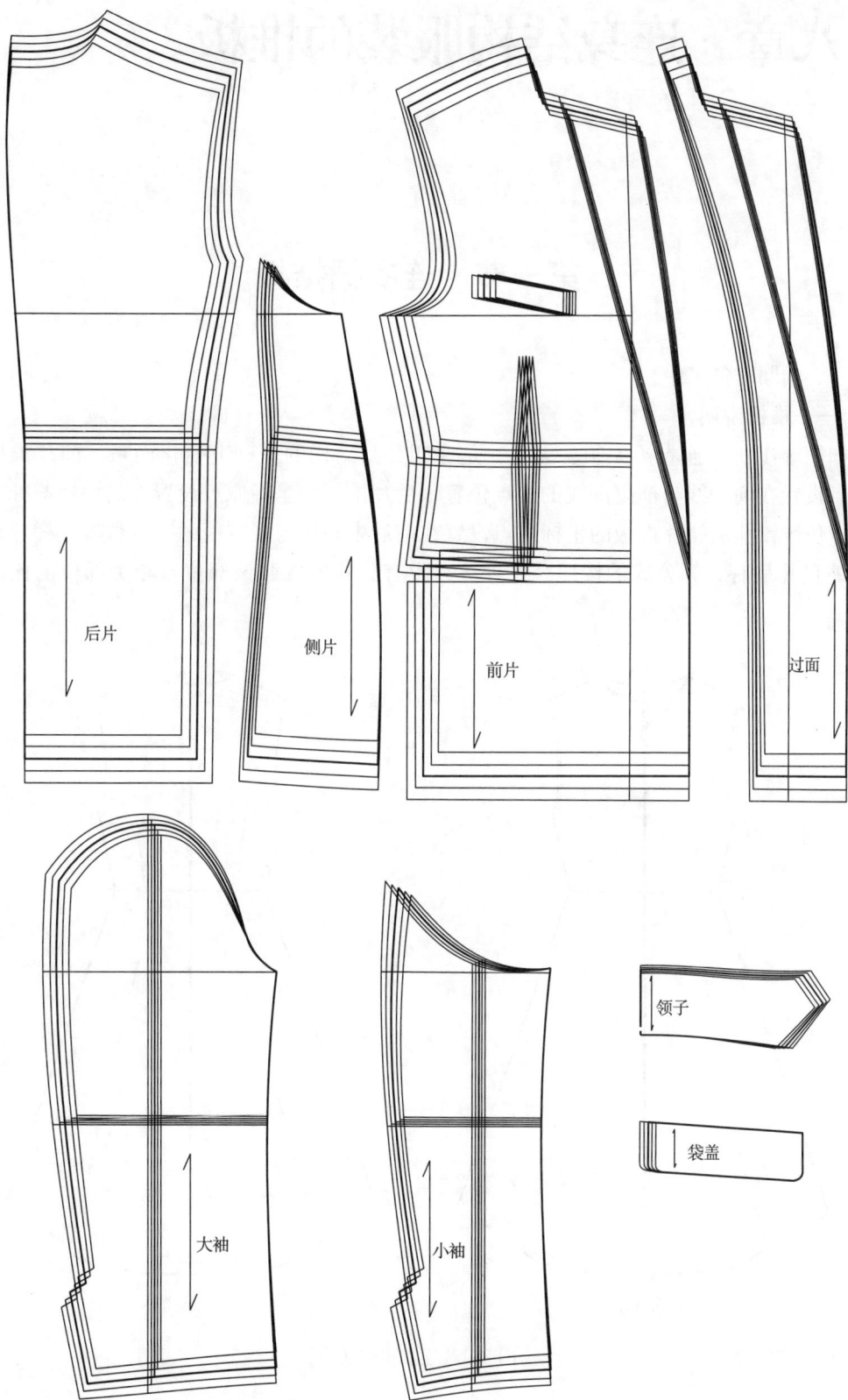

后片

侧片

前片

过面

大袖

小袖

领子

袋盖

图 7-15 系列样板

第八章　连身结构服装的推板

第一节　连衣裙推板

一、前期准备工作

（一）推板说明

如图 8-1 所示连衣裙无领、无袖，是在四开身结构的基础上变化而来。前片推板的坐标原点设置在前中线与袖窿深线的交点位置，后片推板的坐标原点设置在后中线与袖窿深线的交点位置，前后裙片推板的坐标原点设置在前后中心线与腰围线的交点位置。样片各部位的放缩量凡是有计算公式的按照公式计算，没有公式的按照该部位与相关部位的比例关系计算。

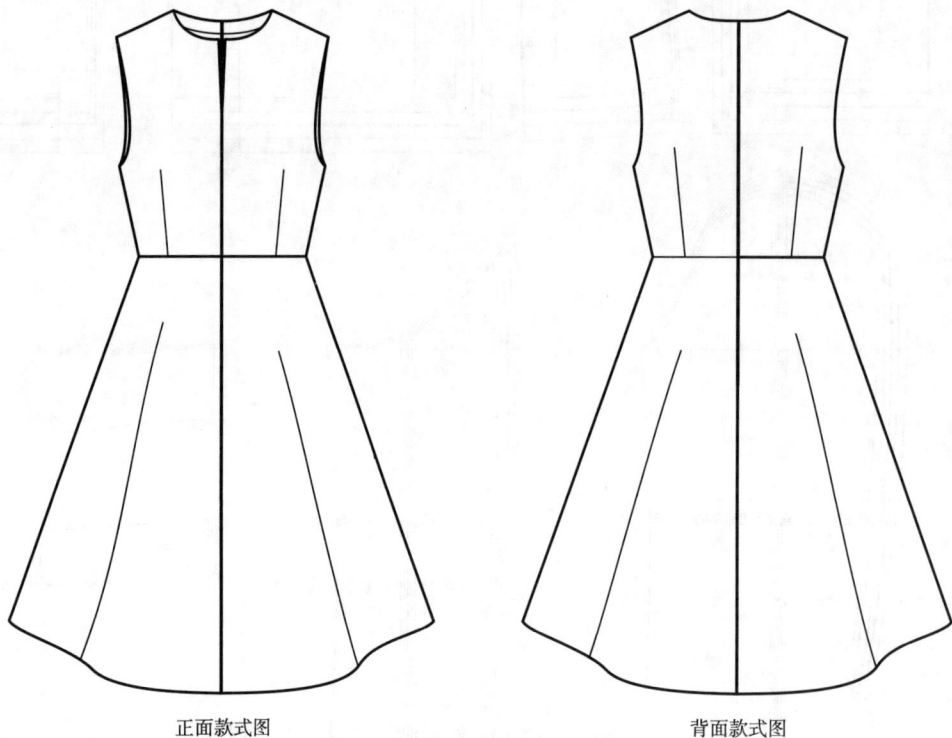

正面款式图　　　　　　　　　　　背面款式图

图 8-1　连衣裙款式图

（二）规格与档差（表 8-1）

表 8-1 连衣裙成品规格表 单位：cm

部位＼规格	150/76A	155/80A	160/84A	165/88A	170/92A	档差
总　长	100	103	106	109	112	3
胸　围	88	92	96	100	104	4
腰节长	38	39	40	41	42	1
腰　围	72	76	80	84	88	4
肩　宽	38	39	40	41	42	1
臀　围	92	96	100	104	108	4
领　围	38	39	40	41	42	1

（三）结构制图（图 8-2）

首先按照图 8-2 中所标注的计算公式及数据完成结构制图，然后将前后裙片分别压印在样板纸上，衣片之间要留出一定的量，以免推板后相互重叠。

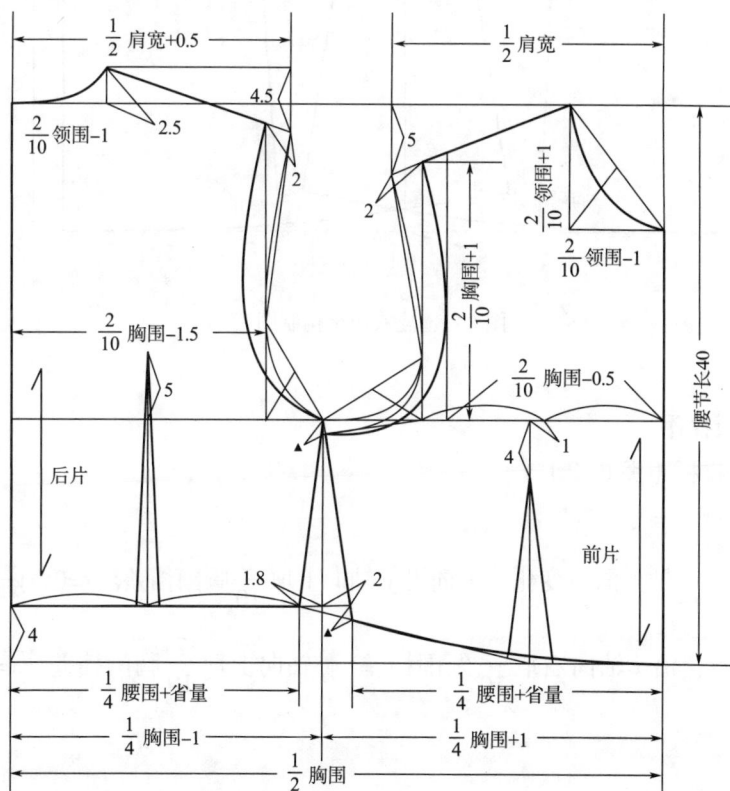

图 8-2

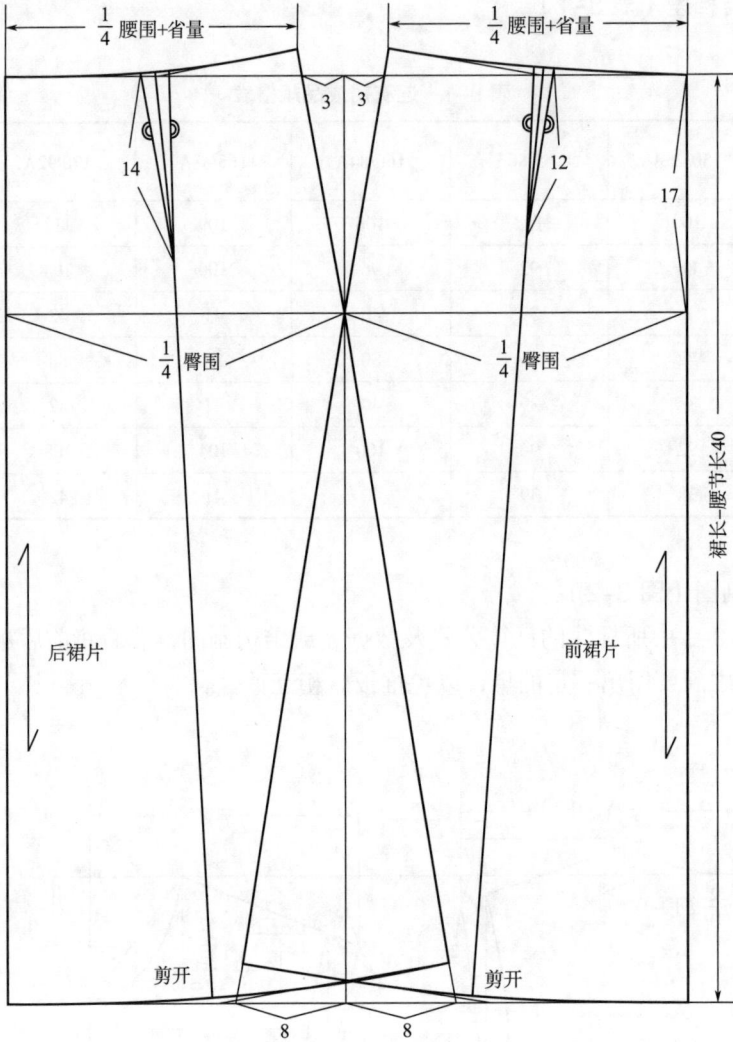

图8-2 连衣裙结构制图

二、具体推板操作

（一）前后片推板（图8-3）

①固定点：$x=0$，$y=0$。

②单向放码点：x 轴方向不变化，纵向沿 y 轴向上取 $\dfrac{2}{10}$ 胸围档差。$x=0$，$y=\dfrac{2}{10}$ 胸围档差。

③双向放码点：沿 x 轴向右取 $\dfrac{2}{10}$ 领围档差，y 轴向上取 $\dfrac{2}{10}$ 胸围档差。$x=\dfrac{2}{10}$ 领围档差，$y=\dfrac{2}{10}$ 胸围档差。

④双向放码点：沿 x 轴向右取 $\dfrac{1}{2}$ 肩宽档差，y 轴向上取 $\dfrac{2}{10}$ 胸围档差。$x=\dfrac{1}{2}$ 肩宽档差，

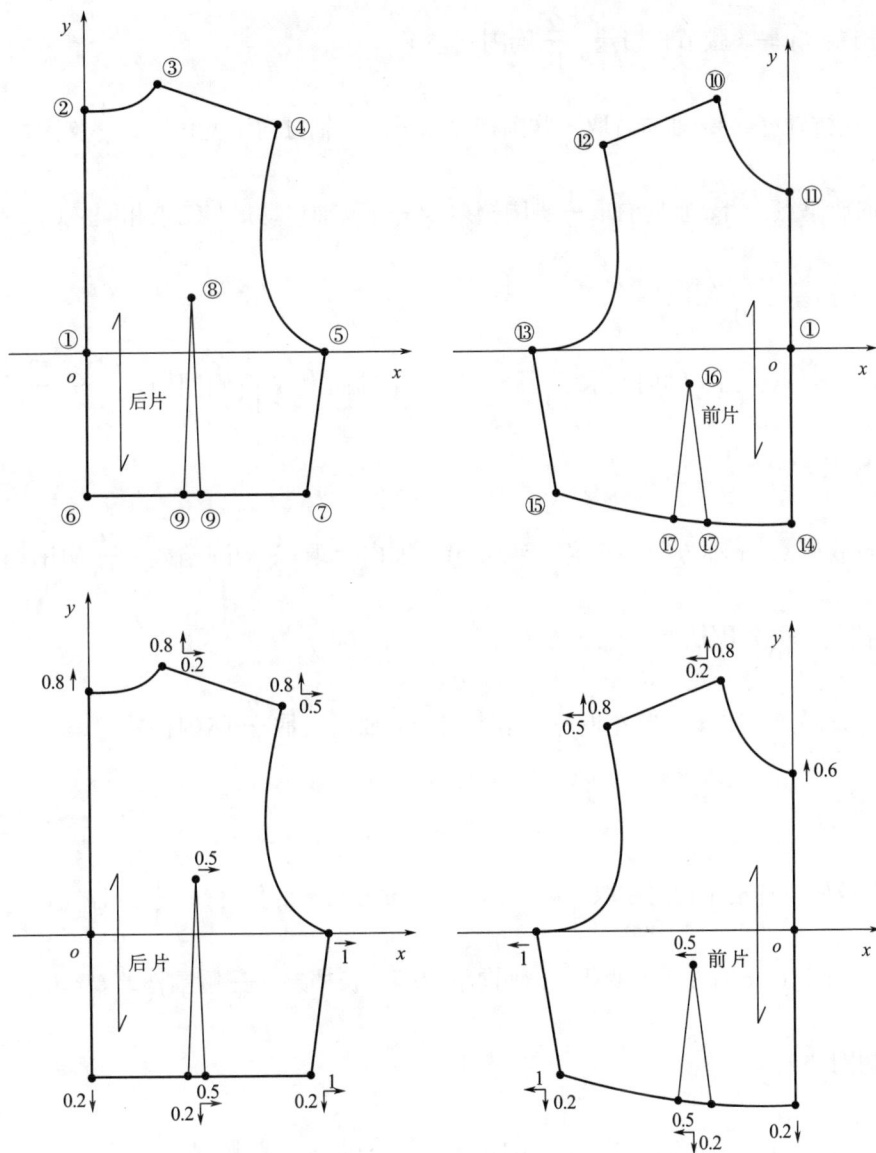

图 8-3　前后片推板

$y = \dfrac{2}{10}$ 胸围档差。

⑤单向放码点：沿 x 轴向右取 $\dfrac{1}{4}$ 胸围档差，y 轴方向不变化。$x = \dfrac{1}{4}$ 胸围档差，$y=0$。

⑥单向放码点：x 轴方向不变化，y 轴向下取腰节长档差 $-\dfrac{2}{10}$ 胸围档差。$x=0$，$y=-$（腰节长档差 $-\dfrac{2}{10}$ 胸围档差）。

⑦双向放码点：沿 x 轴向右取 $\dfrac{1}{4}$ 胸围档差，y 轴向下取腰节长档差 $-\dfrac{2}{10}$ 胸围档差。

$x=\dfrac{1}{4}$ 胸围档差，$y=-$（腰节长档差 $-\dfrac{2}{10}$ 胸围档差）。

⑧单向放码点：沿 x 轴向右取 $\dfrac{1}{4}$ 胸围档差 $\times\dfrac{1}{2}$，y 轴方向不变化。$x=\dfrac{1}{8}$ 胸围档差，$y=0$。

⑨双向放码点：沿 x 轴向右取 $\dfrac{1}{4}$ 胸围档差 $\times\dfrac{1}{2}$，y 轴移动量与⑦点相同。$x=\dfrac{1}{8}$ 胸围档差，$y=-$（腰节长档差 $-\dfrac{2}{10}$ 胸围档差）。

⑩双向放码点：沿 x 轴向左取 $\dfrac{2}{10}$ 领围档差，y 轴向上取 $\dfrac{2}{10}$ 胸围档差。$x=-\dfrac{2}{10}$ 领围档差，$y=\dfrac{2}{10}$ 胸围档差。

⑪单向放码点：x 轴方向不变化，纵向沿 y 轴向上取 $\dfrac{2}{10}$ 胸围档差 $-\dfrac{2}{10}$ 领围档差。$x=0$，$y=\dfrac{2}{10}$ 胸围档差 $-\dfrac{2}{10}$ 领围档差。

⑫双向放码点：沿 x 轴向左取 $\dfrac{1}{2}$ 肩宽档差，y 轴向上取 $\dfrac{2}{10}$ 胸围档差。$x=-\dfrac{1}{2}$ 肩宽档差，$y=\dfrac{2}{10}$ 胸围档差。

⑬单向放码点：沿 x 轴向左取 $\dfrac{1}{4}$ 胸围档差，y 轴方向不变化。$x=-\dfrac{1}{4}$ 胸围档差，$y=0$。

⑭单向放码点：x 轴方向不变化，y 轴向下取腰节长档差 $-\dfrac{2}{10}$ 胸围档差。$x=0$，$y=-$（腰节档差 $-\dfrac{2}{10}$ 胸围档差）。

⑮双向放码点：沿 x 轴向左取 $\dfrac{1}{4}$ 胸围档差，y 轴向下取腰节长档差 $-\dfrac{2}{10}$ 胸围档差。$x=-\dfrac{1}{4}$ 胸围档差，$y=-$（腰节长档差 $-\dfrac{2}{10}$ 胸围档差）。

⑯单向放码点：沿 x 轴向左取 $\dfrac{1}{4}$ 胸围档差 $\times\dfrac{1}{2}$，y 轴方向不变化。$x=-\dfrac{1}{8}$ 胸围档差，$y=0$。

⑰双向放码点：沿 x 轴向左取 $\dfrac{1}{8}$ 胸围档差，y 轴向下取腰节长档差 $-\dfrac{2}{10}$ 胸围档差。$x=-\dfrac{1}{8}$ 胸围档差，$y=-$（腰节长档差 $-\dfrac{2}{10}$ 胸围档差）。

（二）裙片推板（图8-4）

①固定点：$x=0$，$y=0$。

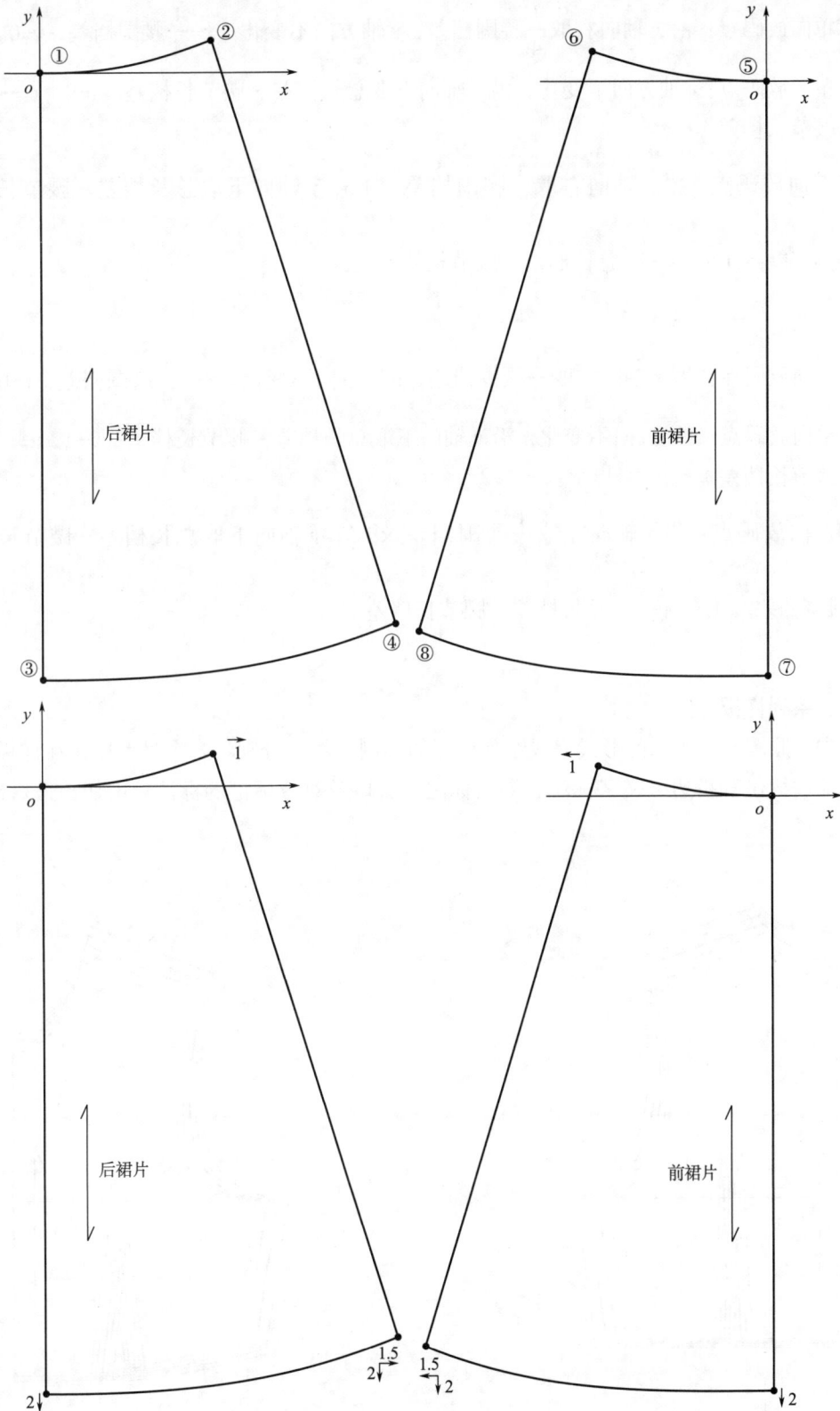

图 8-4 裙片推板

②单向放码点：沿 x 轴向右取 $\frac{1}{4}$ 腰围档差，y 轴方向不变化。$x=\frac{1}{4}$ 腰围档差，$y=0$。

③单向放码点：x 轴方向不变化，沿 y 轴向下取总长档差－腰节长档差。$x=0$，$y=-$（总长档差－腰节长档差）。

④双向放码点：沿 x 轴向右取 $\frac{1}{4}$ 腰围档差 $\times 1.5$，y 轴向下取总长档差－腰节长档差。

$x=\frac{1}{4}$ 腰围档差 $\times 1.5$，$y=-$（总长档差－腰节长档差）。

⑤固定点：$x=0$，$y=0$。

⑥单向放码点：沿 x 轴向左取 $\frac{1}{4}$ 腰围档差，y 轴方向不变化。$x=-\frac{1}{4}$ 腰围档差，$y=0$。

⑦单向放码点：x 轴方向不变化，沿 y 轴向下取总长档差－腰节长档差。$x=0$，$y=-$（总长档差－腰节长档差）。

⑧双向放码点：沿 x 轴向左取 $\frac{1}{4}$ 腰围档差 $\times 1.5$，y 轴向下取总长档差－腰节长档差。

$x=-\frac{1}{4}$ 腰围档差 $\times 1.5$，$y=-$（总长档差－腰节长档差）。

三、系列样板

首先按照图 8-5 所示的形式完成系列样板的绘制，然后分别将各个号型压印在样板纸上，再进行加放缝份和折边、文字标注、纱向标注、剪口及对位标记的标注、剪切，最后形成系列样板。

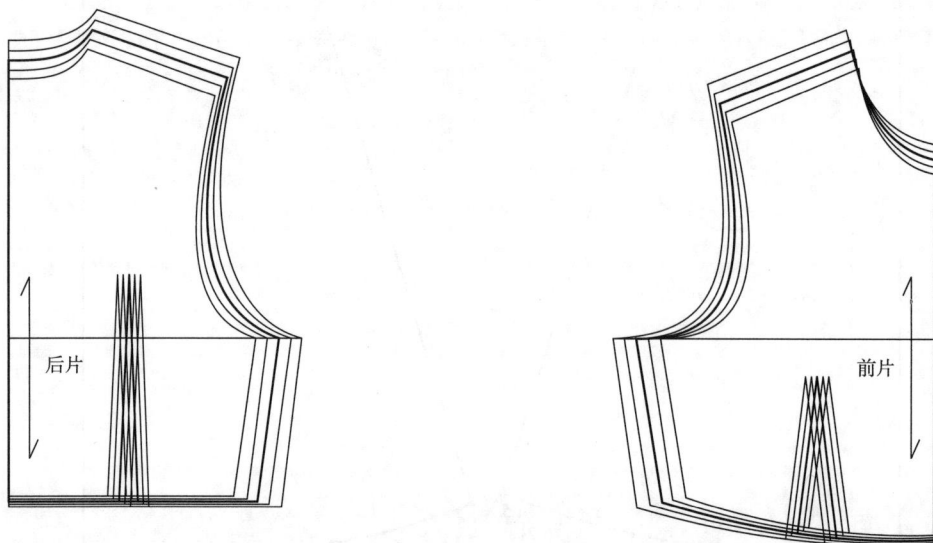

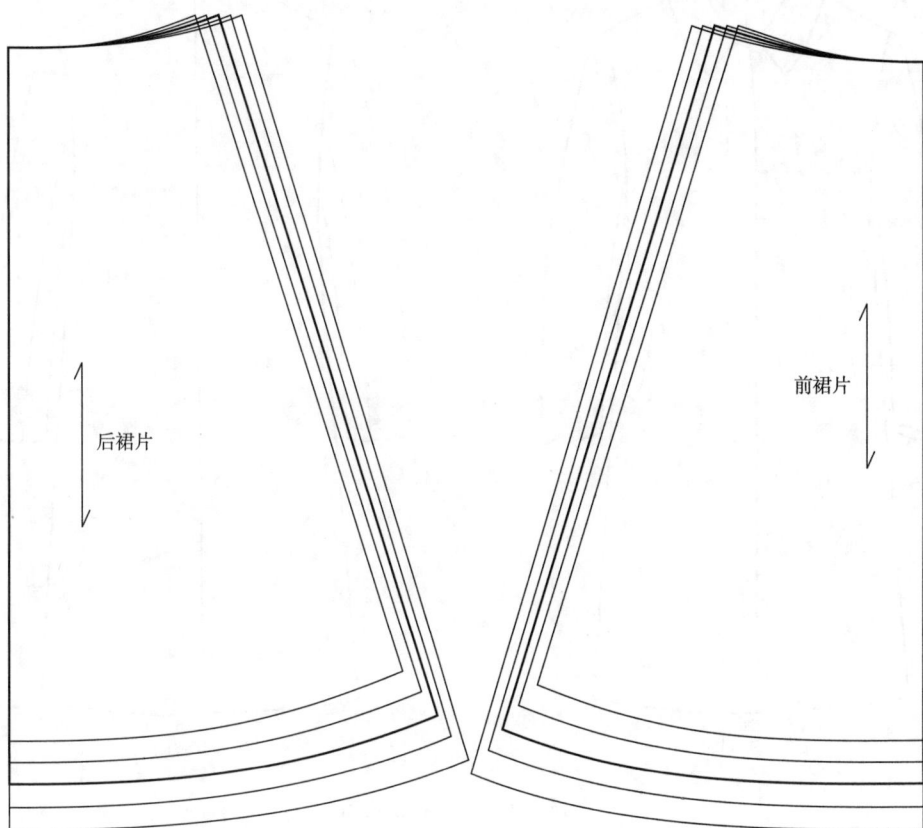

图 8-5　系列样板

第二节　男长大衣推板

一、前期准备工作

（一）推板说明

如图 8-6 所示为一款男式长大衣，是在四开身结构的基础上，将侧缝线向后移位 3cm 形成的一种介于三开身和四开身结构之间的结构形式，翻折领，两片袖。推板中前后衣片围度的放缩量按照四开身结构计算。前片推板的坐标原点设置在前中线与袖窿深线的交点位置，后片推板的坐标原点设置在后中线与袖窿深线的交点位置。

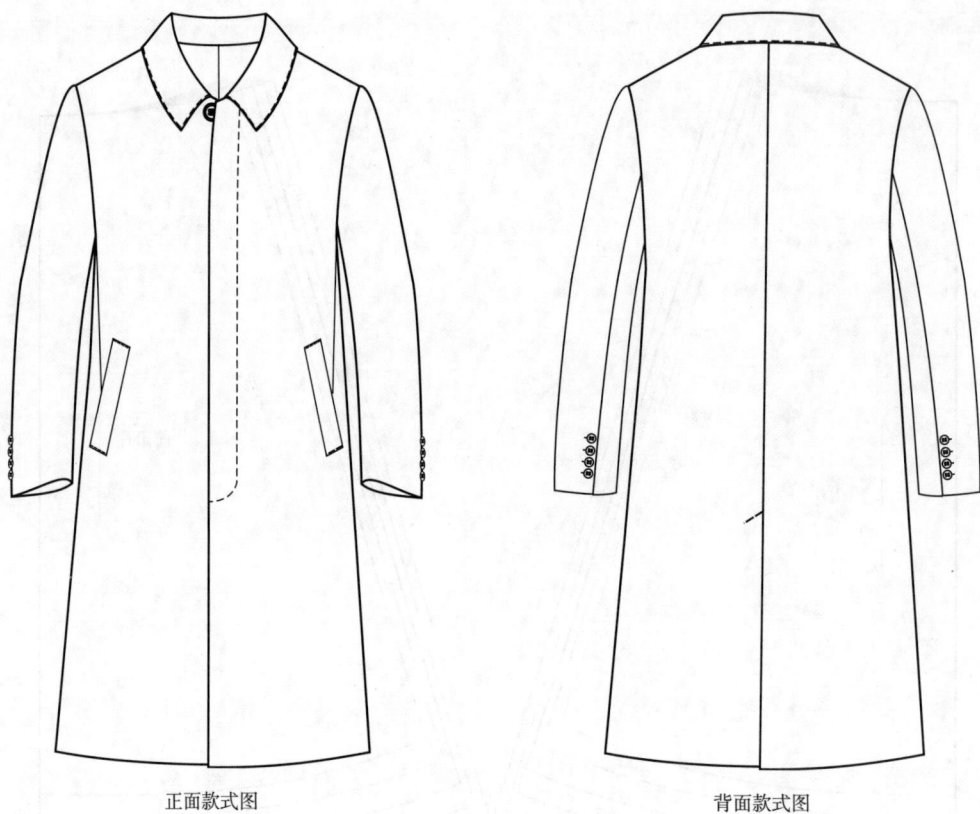

正面款式图   背面款式图

图 8-6 男大衣款式图

（二）规格与档差（表 8-2）

表 8-2 男大衣成品规格表   单位：cm

规格 部位	160/80A	165/84A	170/88A	175/92A	180/96A	档差
衣 长	100	103	106	109	112	3
胸 围	108	112	116	120	124	4
腰节长	42	43.5	45	46.5	48	1.5
肩 宽	47.6	48.8	50	51.2	52.4	1.2
袖 长	60	61.5	63	64.5	66	1.5
袖口宽	15.5	16	16.5	17	17.5	0.5
领 围	43	44	45	46	47	1

（三）结构制图（图 8-7）

首先按照图 8-7 中所标注的计算公式及数据完成结构制图，然后将前衣片、后衣片、袖片、领子等分别压印在样板纸上，样片之间要留出一定的量，以免推板后相互重叠。

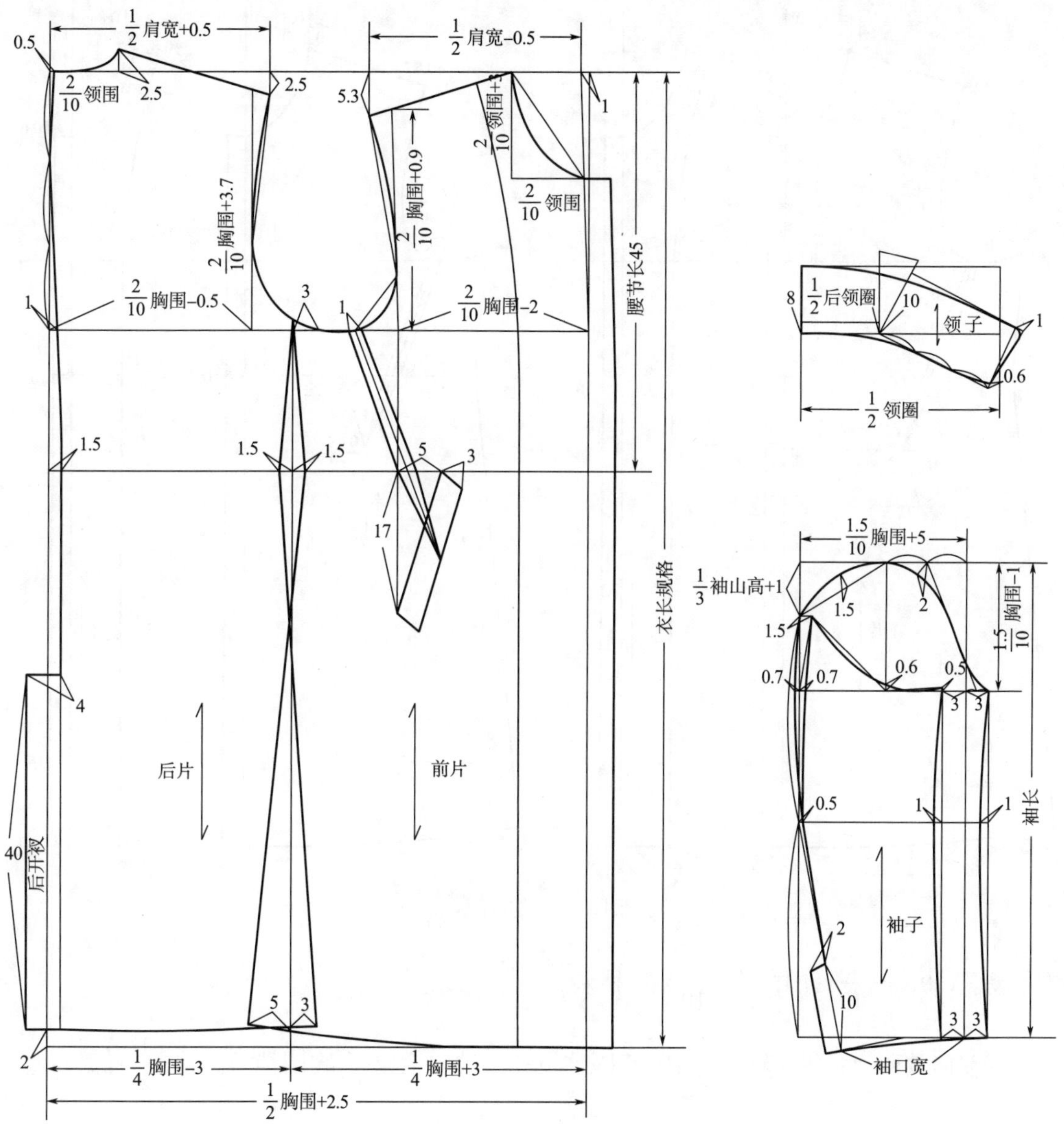

图 8-7 男大衣结构制图

二、具体推板操作

（一）前片推板（图8-8）

①双向放码点：沿 x 轴向左取 $\frac{2}{10}$ 领围档差，y 轴向上取 $\frac{2}{10}$ 胸围档差。$x=-\frac{2}{10}$ 领围档差，$y=\frac{2}{10}$ 胸围档差。

②单向放码点：位于纵向基准线上，横向不变化，纵向沿 y 轴向上取 $\frac{2}{10}$ 胸围档差 $-\frac{2}{10}$ 领

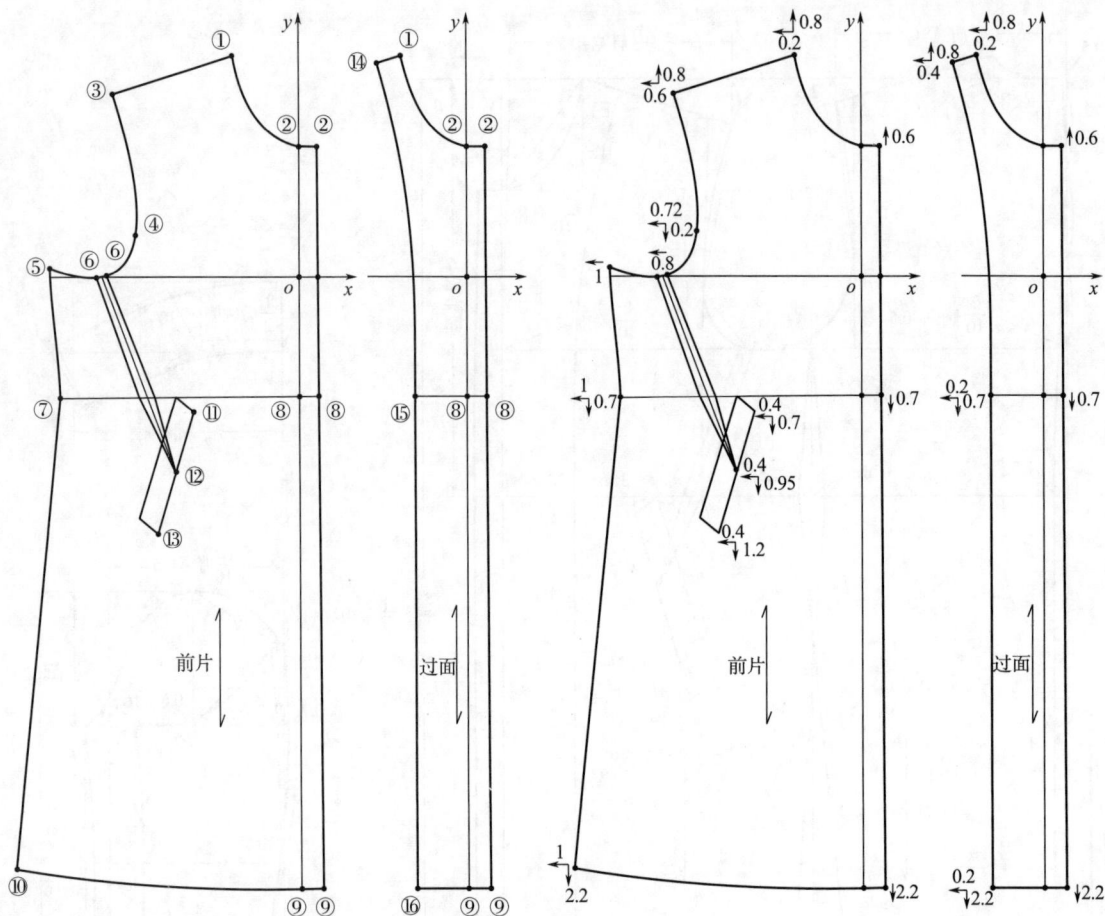

图 8-8　前片推板

围档差。$x=0$，$y=\dfrac{2}{10}$ 胸围档差 $-\dfrac{2}{10}$ 领围档差。

③双向放码点：沿 x 轴向左取 $\dfrac{1}{2}$ 肩宽档差，y 轴向上取 $\dfrac{2}{10}$ 胸围档差。$x=-\dfrac{1}{2}$ 肩宽档差，$y=\dfrac{2}{10}$ 胸围档差。

④双向放码点：前袖窿切点，沿 x 轴向左取 $\dfrac{1.8}{10}$ 胸围档差，y 轴向上取 $\dfrac{2}{10}$ 胸围档差 $\times\dfrac{1}{4}$。$x=-\dfrac{1.8}{10}$ 胸围档差，$y=\dfrac{2}{10}$ 胸围档差 $\times\dfrac{1}{4}$。

⑤单向放码点：沿 x 轴向左取 $\dfrac{1}{4}$ 胸围档差，y 轴方向不变化。$x=-\dfrac{1}{4}$ 胸围档差，$y=0$。

⑥单向放码点：沿 x 轴向左取 $\dfrac{2}{10}$ 胸围档差，y 轴方向不变化。$x=-\dfrac{2}{10}$ 胸围档差，$y=0$。

⑦双向放码点：沿 x 轴向左取 $\dfrac{1}{4}$ 胸围档差，y 轴向下取腰节长档差 $-\dfrac{2}{10}$ 胸围档差。

$x=-\dfrac{1}{4}$胸围档差，$y=-$（腰节长档差$-\dfrac{2}{10}$胸围档差）。

⑧单向放码点：横向不变化，纵向沿y轴向下取腰节长档差$-\dfrac{2}{10}$胸围档差。$x=0$，$y=-$（腰节长档差$-\dfrac{2}{10}$胸围档差）。

⑨单向放码点：横向不变化，纵向沿y轴向下取衣长档差$-\dfrac{2}{10}$胸围档差。$x=0$，$y=-$（衣长档差$-\dfrac{2}{10}$胸围档差）。

⑩双向放码点：沿x轴向左取$\dfrac{1}{4}$胸围档差，y轴向下取衣长档差$-\dfrac{2}{10}$胸围档差。$x=-\dfrac{1}{4}$胸围档差，$y=-$（衣长档差$-\dfrac{2}{10}$胸围档差）。

⑪双向放码点：沿x轴向左取$\dfrac{1}{10}$胸围档差，y轴向下取腰节长档差$-\dfrac{2}{10}$胸围档差。$x=-\dfrac{1}{10}$胸围档差，$y=-$（腰节长档差$-\dfrac{2}{10}$胸围档差）。

⑫双向放码点：沿x轴向左取$\dfrac{1}{10}$胸围档差，y轴方向考虑口袋大小档差为0.5cm，⑫点位于口袋的$\dfrac{1}{2}$处，故其纵向变化量比⑪点多0.25cm。$x=-\dfrac{1}{10}$胸围档差，$y=-$（腰节长档差$-\dfrac{2}{10}$胸围档差+0.25cm）。

⑬双向放码点：沿x轴向左取$\dfrac{1}{10}$胸围档差，纵向变化量比⑪点多0.5cm。$x=-\dfrac{1}{10}$胸围档差，$y=-$（腰节长档差$-\dfrac{2}{10}$胸围档差+0.5cm）。

⑭双向放码点：该点纵向变化量与前片①点相同，横向变化考虑过面宽度变化量为0.2cm。$x=-$（$\dfrac{2}{10}$领围档差+0.2cm），$y=\dfrac{2}{10}$胸围档差。

⑮双向放码点：$x=-0.2$cm，$y=-$（腰节长档差$-\dfrac{2}{10}$胸围档差）。

⑯双向放码点：$x=-0.2$cm，$y=-$（衣长档差$-\dfrac{2}{10}$胸围档差）。

（二）后片推板（图8-9）

①双向放码点：沿x轴向右取$\dfrac{2}{10}$领围档差，y轴向上取$\dfrac{2}{10}$胸围档差。$x=\dfrac{2}{10}$领围档差，$y=\dfrac{2}{10}$胸围档差。

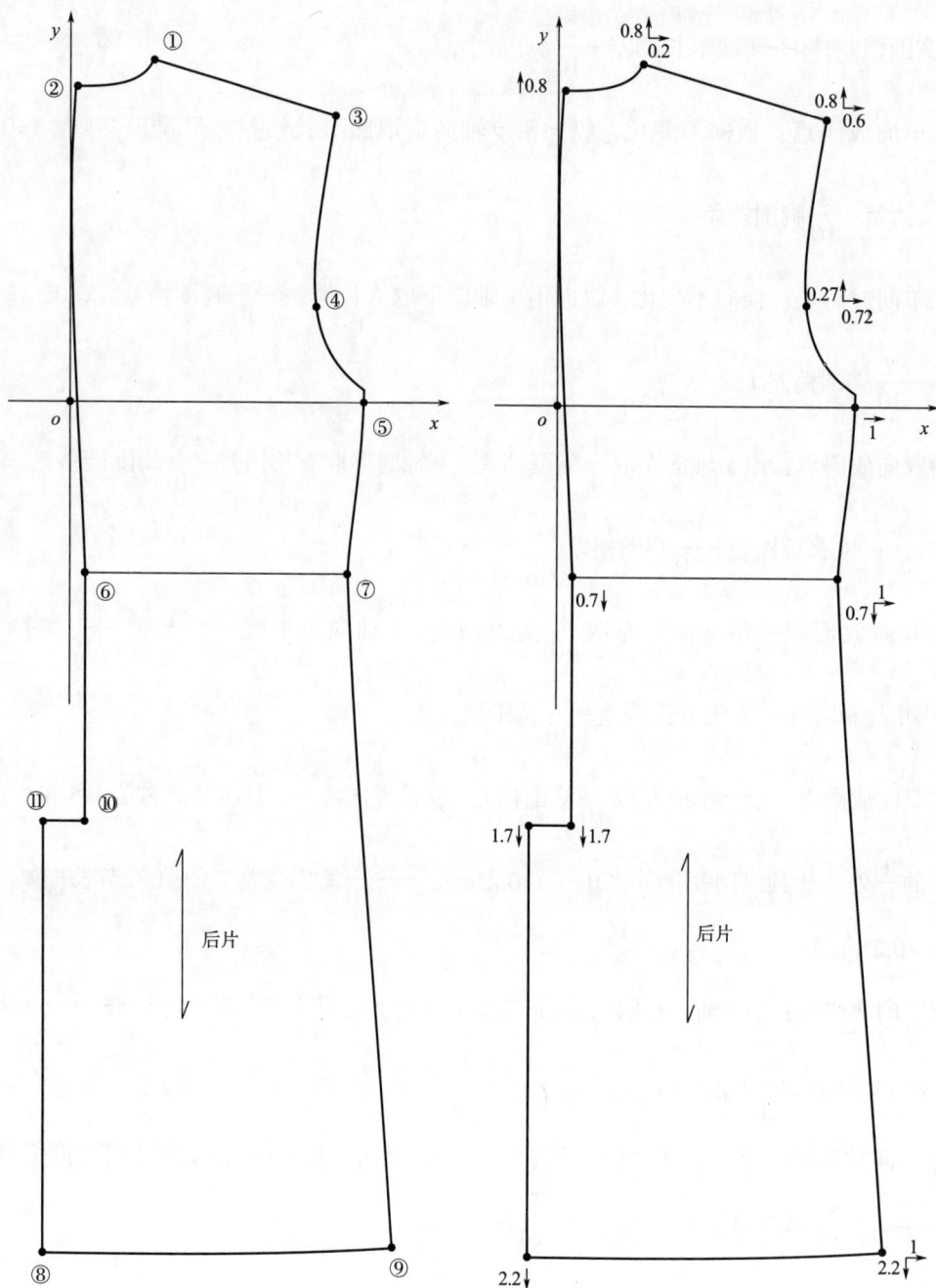

图8-9　后片推板

②单向放码点：处在基准线上，x轴方向不变化，沿y轴向上取 $\frac{2}{10}$ 胸围档差。x=0，

$y=\frac{2}{10}$ 胸围档差。

③双向放码点：沿x轴向右取 $\frac{1}{2}$ 肩宽档差，y轴向上取 $\frac{2}{10}$ 胸围档差。$x=\frac{1}{2}$ 肩宽档差，

$y=\dfrac{2}{10}$胸围档差。

④双向放码点：后袖窿切点，沿 x 轴向右取 $\dfrac{1.8}{10}$ 胸围档差，y 轴向上取 $\dfrac{2}{10}$ 胸围档差 $\times\dfrac{1}{3}$。 $x=\dfrac{1.8}{10}$ 胸围档差，$y=\dfrac{2}{10}$ 胸围档差 $\times\dfrac{1}{3}$。

⑤单向放码点：沿 x 轴向右取 $\dfrac{1}{4}$ 胸围档差，y 轴方向不变化。$x=\dfrac{1}{4}$ 胸围档差，$y=0$。

⑥单向放码点：x 轴方向不变化，y 轴向下取腰节档差 $-\dfrac{2}{10}$ 胸围档差。$x=0$，$y=-$（腰节长档差 $-\dfrac{2}{10}$ 胸围档差）。

⑦双向放码点：沿 x 轴向右取 $\dfrac{1}{4}$ 胸围档差，y 轴向下取腰节档差 $-\dfrac{2}{10}$ 胸围档差。$x=\dfrac{1}{4}$ 胸围档差，$y=-$（腰节长档差 $-\dfrac{2}{10}$ 胸围档差）。

⑧单向放码点：x 轴方向不变化，y 轴向下取衣长档差 $-\dfrac{2}{10}$ 胸围档差。$x=0$，$y=-$（衣长档差 $-\dfrac{2}{10}$ 胸围档差）。

⑨双向放码点：沿 x 轴向右取 $\dfrac{1}{4}$ 胸围档差，y 轴向下取衣长档差 $-\dfrac{2}{10}$ 胸围档差。$x=\dfrac{1}{4}$ 胸围档差，$y=-$（衣长档差 $-\dfrac{2}{10}$ 胸围档差）。

⑩单向放码点：横向不变化，纵向考虑开衩长度 0.5cm 的档差变化量。$x=0$，$y=-$（衣长档差 $-\dfrac{2}{10}$ 胸围档差 -0.5cm）。

⑪双向放码点：开衩宽度保持不变，故 x 轴方向不变化，y 轴变化量与⑩点相同。$x=0$，$y=-$（衣长档差 $-\dfrac{2}{10}$ 胸围档差 -0.5cm）。

（三）袖子推板（图 8-10）

①固定点：$x=0$，$y=0$。

②双向放码点：沿 x 轴向左取 $\dfrac{1}{10}$ 胸围档差，y 轴向上取 $\dfrac{1.5}{10}$ 胸围档差。$x=-\dfrac{1}{10}$ 胸围档差，$y=\dfrac{1.5}{10}$ 胸围档差。

③双向放码点：沿 x 轴向左取 $\dfrac{2}{10}$ 胸围档差，y 轴向上取 $\dfrac{1.5}{10}$ 胸围档差 $\times\dfrac{2}{3}$。$x=-\dfrac{2}{10}$ 胸围

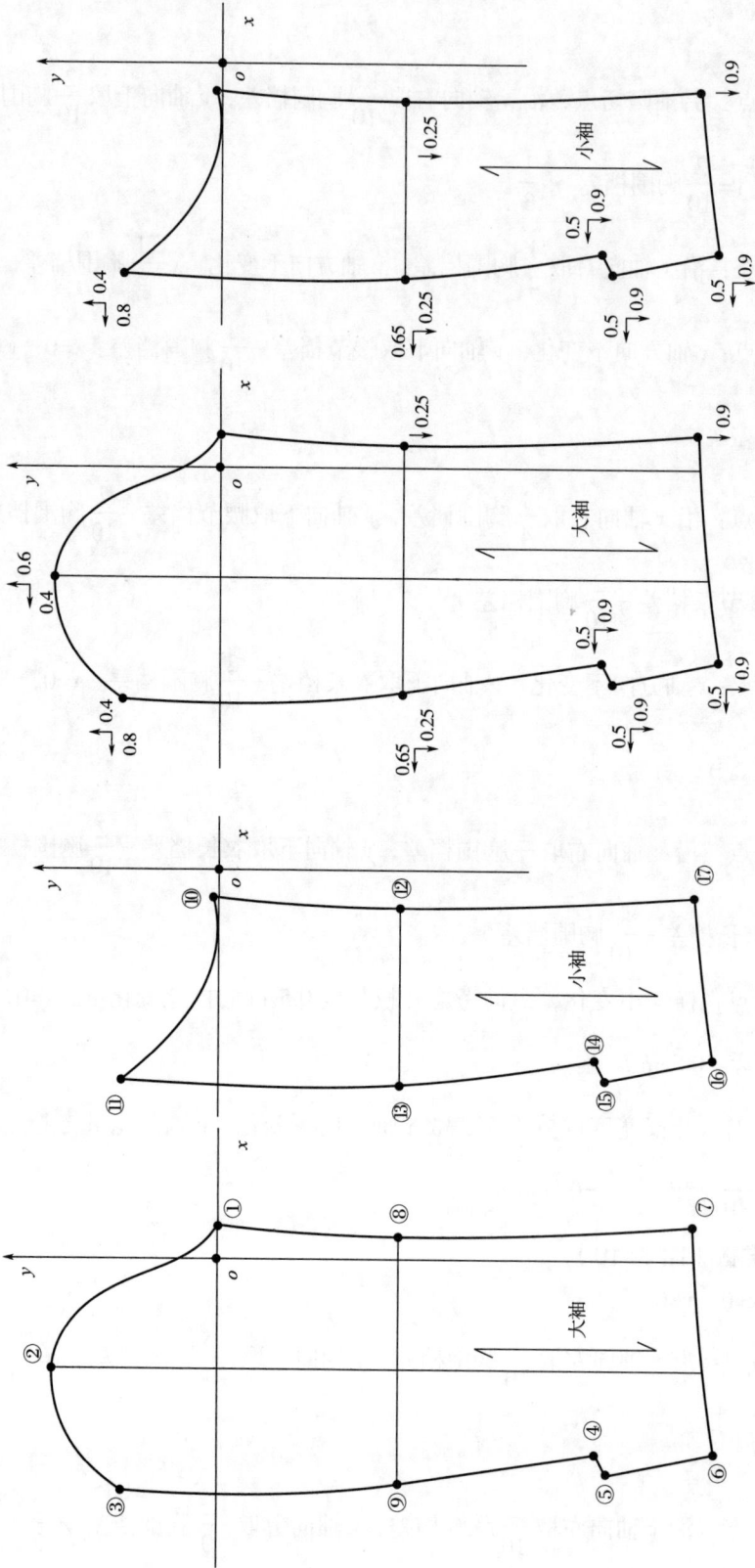

图 8-10　袖子推板

档差，$y=\dfrac{1.5}{10}$ 胸围档差 $\times\dfrac{2}{3}$。

④双向放码点：沿 x 轴向左取袖口宽档差，y 轴向下取袖长档差 $-\dfrac{1.5}{10}$ 胸围档差。$x=-$ 袖口宽档差，$y=-$（袖长档差 $-\dfrac{1.5}{10}$ 胸围档差）。

⑤双向放码点：袖开衩长度及宽度保持不变，故此点沿 x 轴向左取袖口宽档差，y 轴向下取袖长档差 $-\dfrac{1.5}{10}$ 胸围档差。$x=-$ 袖口宽档差，$y=-$（袖长档差 $-\dfrac{1.5}{10}$ 胸围档差）。

⑥双向放码点：同⑤点。$x=-$ 袖口宽档差，$y=-$（袖长档差 $-\dfrac{1.5}{10}$ 胸围档差）。

⑦单向放码点：横向不变化，纵向沿 y 轴向下取袖长档差 $-\dfrac{1.5}{10}$ 胸围档差。$x=0$，$y=-$（袖长档差 $-\dfrac{1.5}{10}$ 胸围档差）。

⑧单向放码点：横向不变化，纵向因为袖肘线位于③点到⑥点距离的一半，故其纵向变化量为（袖长档差 $-\dfrac{1.5}{10}$ 胸围档差 $\times\dfrac{1}{3}$）$\times\dfrac{1}{2}$，所以该点沿 y 轴向下（袖长档差 $-\dfrac{1.5}{10}$ 胸围档差 $\times\dfrac{1}{3}$）$\times\dfrac{1}{2}-\dfrac{1.5}{10}$ 胸围档差 $\times\dfrac{2}{3}$。$x=0$，$y=-\left[\left(\text{袖长档差} -\dfrac{1.5}{10}\text{胸围档差} \times\dfrac{1}{3}\right) \times\dfrac{1}{2}-\dfrac{1.5}{10}\text{胸围档差} \times\dfrac{2}{3}\right]$。

⑨双向放码点：沿 x 轴向左取③点与④点横向移动量之和的一半，y 轴移动量与⑧点相同。$x=-\left(\dfrac{2}{10}\text{胸围档差} + \text{袖口档差}\right) \times\dfrac{1}{2}$，$y=-\left[\left(\text{袖长档差} -\dfrac{1.5}{10}\text{胸围档差} \times\dfrac{1}{3}\right) \times\dfrac{1}{2}-\dfrac{1.5}{10}\text{胸围档差} \times\dfrac{2}{3}\right]$。

⑩固定点：$x=0$，$y=0$。

⑪双向放码点：与③点相同。$x=-\dfrac{2}{10}$ 胸围档差，$y=\dfrac{1.5}{10}$ 胸围档差 $\times\dfrac{2}{3}$。

⑫单向放码点：与⑧点相同。$x=0$，$y=-\left[\left(\text{袖长档差} -\dfrac{1.5}{10}\text{胸围档差} \times\dfrac{1}{3}\right) \times\dfrac{1}{2}-\dfrac{1.5}{10}\text{胸围档差} \times\dfrac{2}{3}\right]$。

⑬双向放码点：与⑨点相同。$x=-\left(\dfrac{2}{10}\text{胸围档差} + \text{袖口档差}\right) \times\dfrac{1}{2}$，$y=-\left[\left(\text{袖长档差} -\dfrac{1.5}{10}\text{胸围档差} \times\dfrac{1}{3}\right) \times\dfrac{1}{2}-\dfrac{1.5}{10}\text{胸围档差} \times\dfrac{2}{3}\right]$。

⑭双向放码点：与④点相同。$x=-$ 袖口宽档差，$y=-$（袖长档差 $-\dfrac{1.5}{10}$ 胸围档差）。

⑮双向放码点：与⑤点相同。$x=-$ 袖口宽档差，$y=-$（袖长档差 $-\dfrac{1.5}{10}$ 胸围档差）。

⑯双向放码点：与⑥点相同。$x=-$ 袖口宽档差，$y=-$（袖长档差 $-\dfrac{1.5}{10}$ 胸围档差）。

⑰单向放码点：与⑦点相同。$x=0$，$y=-$（袖长档差 $-\dfrac{1.5}{10}$ 胸围档差）。

（四）部件样板（图8-11）

①按照图8-11中所标注的计算公式及数据完成领子的推板。

②按照图8-11中所标注的计算公式及数据完成袋口的推板。

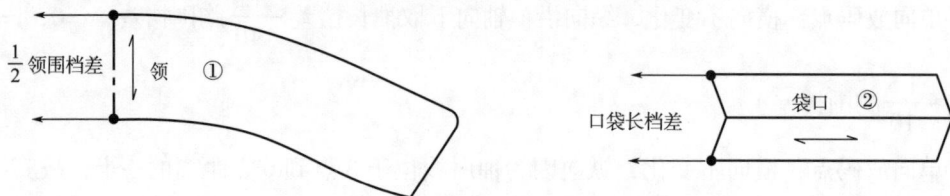

图8-11 部件推板

三、系列样板

首先按照图8-12所示的形式完成系列样板的绘制，然后分别将各个号型压印在样板纸上，再进行加放缝份和折边、文字标注、纱向标注、剪口及对位标记的标注、剪切，最后形成系列样板。

参考习题

1. 在连体服装中腰节线的位置如何变化？

2. 设计5个号型的男风衣规格表并完成推板。

3. 设计7个号型的连衣裙规格表并完成推板。

小袖

大袖

裂口

领子

过面

前片

后片

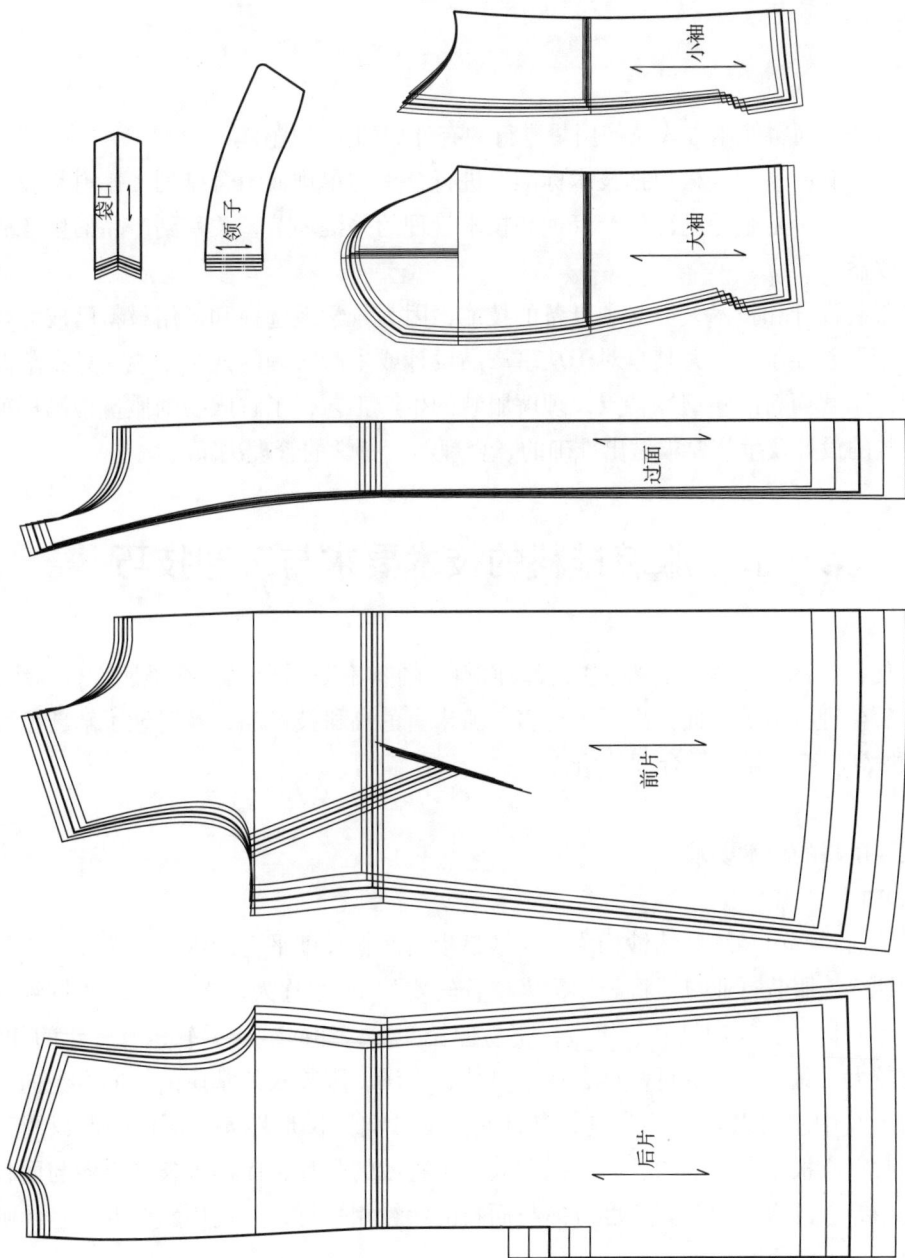

图 8-12 系列样板

第九章　服装排料

服装排料是对面料使用方式及使用量进行的有计划的工艺操作。

排料运用成套的系列样板根据技术标准，进行合理的单排或组合排列。排料是服装生产过程中的前道工序，是企业进行生产管理和技术管理的关键环节，关系到产品的生产成本及企业的经济效益。

排料是服装设计和技术人员必须具备的技能，因为科学地选择和运用材料已成为现代服装设计与生产的首要条件，尤其是对于从事产品设计或生产管理的人员来说，只有掌握科学的排料知识，了解面料的塑型性特点，理解服装的生产工艺，了解服装的质量检测标准，才能够根据服装的设计及生产要求做出准确的、合理的、科学的管理决策。

第一节　服装排料的技术要求与工艺技巧

随着现代科技的迅速发展，新型的服装面料、辅料不断涌现，在纤维属性、组织结构、染色技术、后整理技术等方面都出现了许多前所未有的高科技产品，及时地了解新型面料的特点，才能做到科学的排料及合理的用料。

一、服装排料的技术要求

（一）纱向

一般机织面料都由经纱和纬纱构成，经纱是指与面料长度平行的纱线，纬纱是指与面料宽度平行的纱线。服装行业习惯将经纱称为"直丝缕"，纬纱称为"横丝缕"。不同纱向的面料塑型性是不相同的，经向结实、挺直，不易伸长变形；纬向纱质柔软，有一定的伸缩性；斜向伸缩性较大，具有良好的可塑性，成型自然、丰满。服装衣片常用的纱向有经向、纬向和斜向三种，其中斜向以 45°为最佳，其他斜度的纱向因保形性差，所以一般只用于小部件。在排料时，应根据衣片上的纱向正确摆放。用直纱的衣片，使样板长度方向与面料经纱相平行；使用纬纱的衣片，使其长度方向与面料的纬纱相平行；而使用斜纱的衣片，则根据要求将样板倾斜一定角度。

（二）毛向

毛向是指面料表面绒毛的倒伏方向，如条绒、长毛绒等除了纱向之外，还有毛向，当从两个相反方向观看表面状态时，会因折光不同而产生不同的色泽和外观效果。毛向的测试方法有两种：一是用手在面料的正面沿着经纱方向触摸，有光滑感的方向为毛的顺向，反之为逆向；二是将面料对折并使正面朝外，垂直悬挂于阳光下观察其色泽变化，颜色浅淡的说明毛向朝下，颜色深而且饱和的说明毛向朝上。一般服装的毛向，特别是用长毛类面料制作的服装毛向必须朝下，这样便于服装的整理，使绒毛平整，也有用短毛面料制作的服装为了强化颜色效果而采用向上的毛向。凡是使用带有毛向的面料制作的服装，必须将所有的衣片按照相同的方向排料，否则会因出现色差而造成外观质量问题。

（三）花形

有些面料的印花图案是有方向性的，这类面料应根据款式及工艺要求来排放面料。排料时应注意使所有衣片的方向一致，不能出现倒顺花形，尤其不能出现反方向花形。对于较大花形的面料还要注意花形在衣片上的位置，上下左右的对称性，以及整体与局部的协调性。一般前衣片的花形必须摆正，前门襟位置的花形左右对位准确。后衣片腰线以上部位要求花形布局合理，带背缝的衣片要以背缝为中线两边花形对称，同时要尽可能考虑到侧缝线位置的花形对位问题。袖子、领子及部件的花形设置除了自身的左右对称外，还要考虑与整体的配比关系。

（四）条格

对于用条格面料制成的高档服装，对条、对格的水平几乎是检验产品档次和质量等级的主要指标。这是因为条格的使用不仅是生产中的技术问题，而且是设计不可分割的重要组成部分。凡是运用条格面料设计的服装款式，对于条格的使用都有一定的要求：有的要求两衣片相接后面料的条格连贯衔接，如同一片完整面料；有的要求两衣片相接后条格对称；也有的要求两衣片相接后条格相互成一定的角度等。除了相互连接的衣片外，对于部件与整体之间的对条对格也有一定的工艺标准。例如袖子与衣身之间要求横格对齐，袋盖、袋口等小部件的条格与衣身之间要做到横向、纵向对齐。所以，在排料时首先要理解服装的设计意图，了解服装质量检测标准，严格按照标准将样板排放在相应的部位。

国家服装质量检测标准中关于对条对格有着明确的规定，凡是面料有明显的条格，并且格的宽度在 1cm 以上者，要条料对条、格料对格。现列举男西装、男西裤对条对格标准，见表 9-1、表 9-2。

表 9-1 男西装对条对格标准

序号	部位名称	对条对格规定
1	左右前身	条料对条，格料对横，互差不大于 0.3cm
2	手巾袋与前身	条料对条，格料对横，互差不大于 0.2cm
3	大袋与前身	条料对条，格料对横，互差不大于 0.3cm
4	袖子与前身	袖肘线以上与前身格料对横，互差不大于 0.5cm
5	袖　缝	袖肘线以下，前后袖缝，格料对横，互差不大于 0.3cm
6	背　缝	以上部为准条料对称，格料对横，互差不大于 0.2cm
7	背缝与后领面	条料对条，互差不大于 0.2cm
8	领子、驳头	条格料左右对称，互差不大于 0.2cm

序号	部位名称	对条对格规定
9	摆　缝	袖窿以下 10cm 处格料对横，互差不大于 0.3cm
10	袖　子	条格顺直，以袖山为准两轴互差不大于 0.5cm

表 9-2　男西裤对条对格标准

序号	部位名称	对条对格规定
1	侧缝	侧缝袋口下 10cm 处，格料对横互差不大于 0.3cm
2	前后裆缝	条料对称，格料对横，互差不大于 0.3cm
3	袋盖与大身	条料对条，格料对格，互差不大于 0.3cm

服装企业的技术人员在长期的生产实践中，总结出了许多有关对条对格的方法，在这里列举筒裙和女西装的对格方法，供大家参考。

如图 9-1 所示是筒裙对格的示意图，图中前后中心线位置取 $\frac{1}{2}$ 格宽度，侧缝线位置的横向条纹以臀围线为基准前后片对齐。

如图 9-2（a）（b）所示是女西装的对格示意图。图（a）以腰节线为基准将前片、侧片、

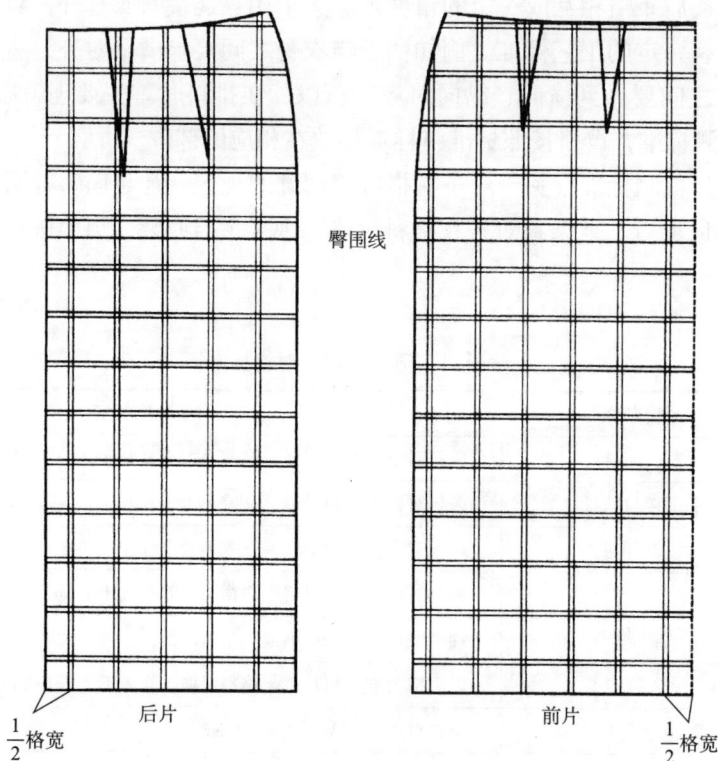

图 9-1　筒裙对格示意图

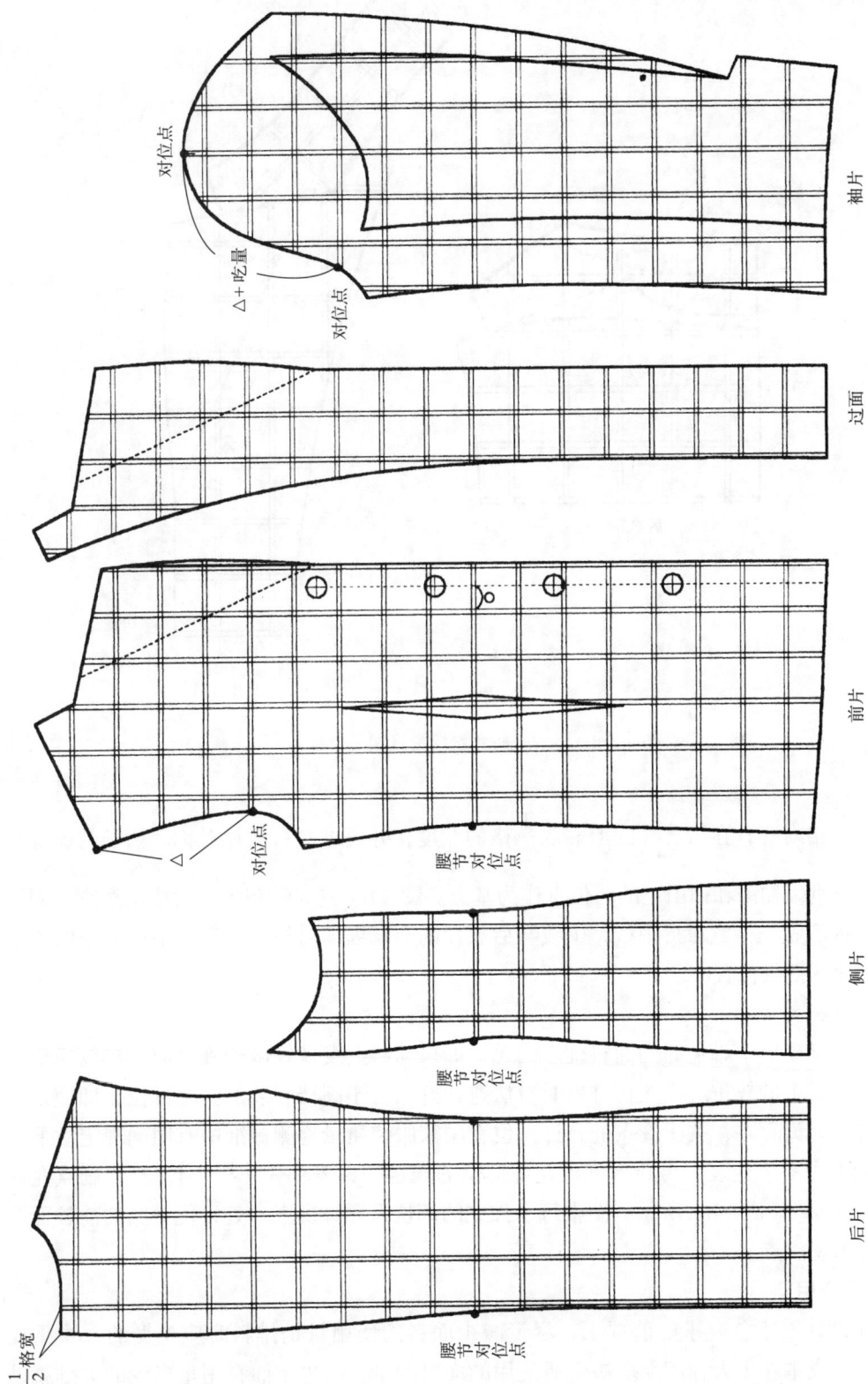

袖片

过面

前片

侧片

后片

对位点

△+吃量

对位点

腰节对位点

对位点

△

腰节对位点

腰节对位点

腰节对位点

$\frac{1}{2}$格宽

(a)

图 9-2

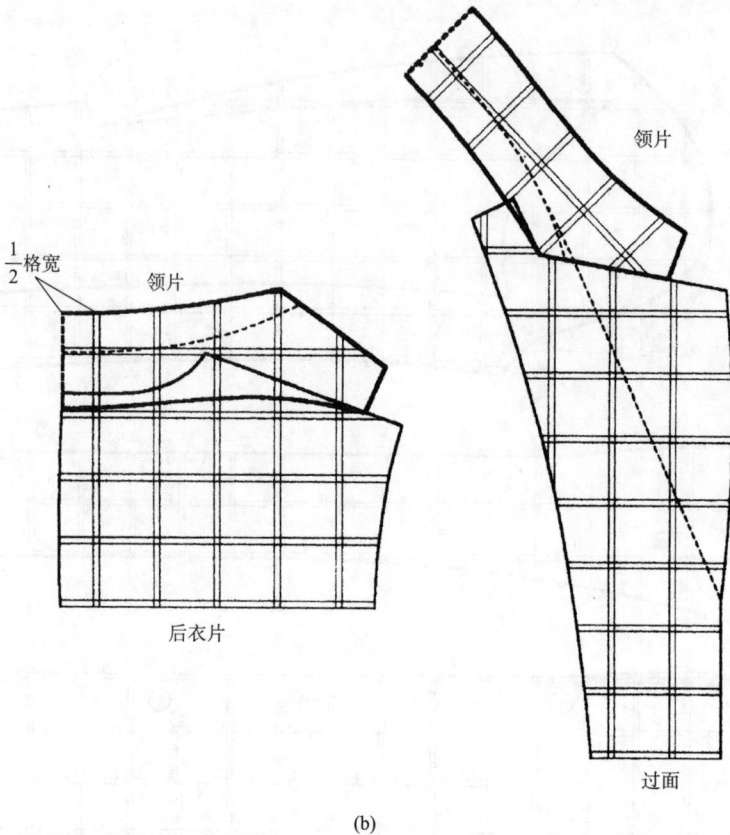

图 9-2　女西装对格示意图

后片的横向条格对齐，在后背缝的上端取 $\frac{1}{2}$ 格的宽度，并要求左右两片对称。袖子与前身片的横向对格分别以袖窿和袖山上的对位点作为基点。图（b）是衣领与大身对格示意图，领子在后中线位置取整个格宽对折中线，中线与后衣片的上端纵向对格，然后再根据领子的条格位置确定过面的摆放位置。

（五）疵点

在服装批量生产中难免遇到面料疵点问题，如果面料上发现轻微瑕疵，应放在较隐蔽的次要部位，面料上的较重瑕疵应在排料时设法避让开。对于高档服装的主要部位，即使是轻微的疵点也不允许存在，关于疵点的允许部位在国家服装质量检测标准中有明确规定。下面列举国家标准中对男西装、男西裤疵点允许部位的规定，见表 9-3、表 9-4，衣片疵点允许部位划分见图 9-3（a）（b）所示，图中每个独立的部位只允许疵点一处，优等品的前领面及驳头不允许出现疵点。

（六）节约用料

在保证设计与工艺要求的前提下，尽量减少面料的使用量是排料时应遵循的一个重要原则。服装的成本在很大程度上取决于所使用的面料的量，而决定面料用量多少的关键就是排料方式。同一套样板，由于排放的方式不同，所需的面料长度会不同，面料的利用率也就不同。排料的目的之一就是找出一种用料最省的排料方式。排料在很大程度上依靠经验与技巧，需要在长期的实践中不断地总结与探索。

表 9-3 男西装疵点允许部位标准 　　　　　　　　　　　　　　　　　单位: cm

部位名称	各部位允许程度		
	1 部位	2 部位	3 部位
粗于一倍粗纱	0.4 ~ 1.0	1.0 ~ 2.0	2.0 ~ 4.0
大肚纱（三根纱）	不允许	不允许	1.0 ~ 4.0
毛粒（个）	2	4	6
条痕（折痕）	不允许	1.0 ~ 2.0（不明显）	2.0 ~ 4.0（不明显）
斑疵（油、锈、色斑）	不允许	不大于 0.3^2（不明显）	不大于 0.5^2（不明显）

表 9-4 男西裤疵点允许部位标准 　　　　　　　　　　　　　　　　　单位: cm

部位名称	各部位允许程度		
	1 部位	2 部位	3 部位
粗于一倍粗纱	0.5 ~ 1.5	1.5 ~ 3.0	3.0 ~ 5.0
大肚纱（三根纱）	不允许	1.0 ~ 2.0	2.0 ~ 3.0
条痕（折痕）	不允许	不明显	不明显
毛粒（个）	2	4	6
斑疵（油、锈、色斑）	不允许	不大于 0.3^2（不明显）	不大于 0.5^2（不明显）

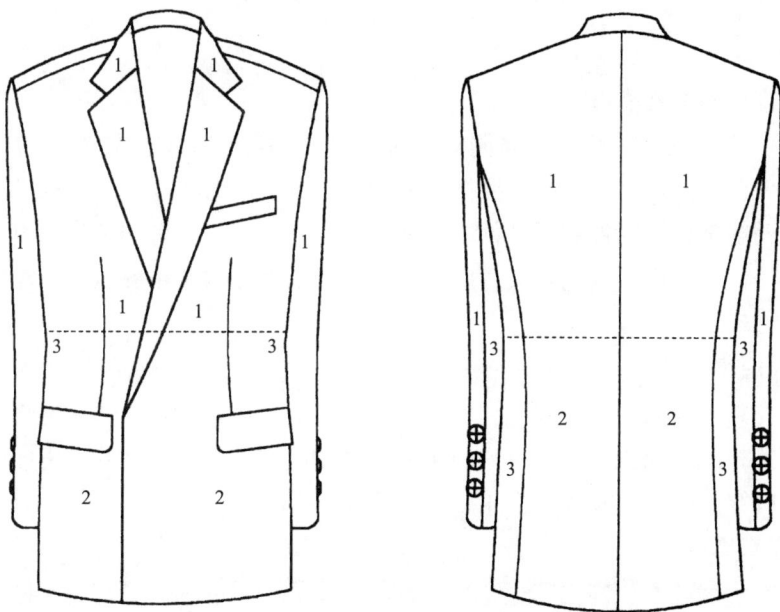

(a)

图 9-3

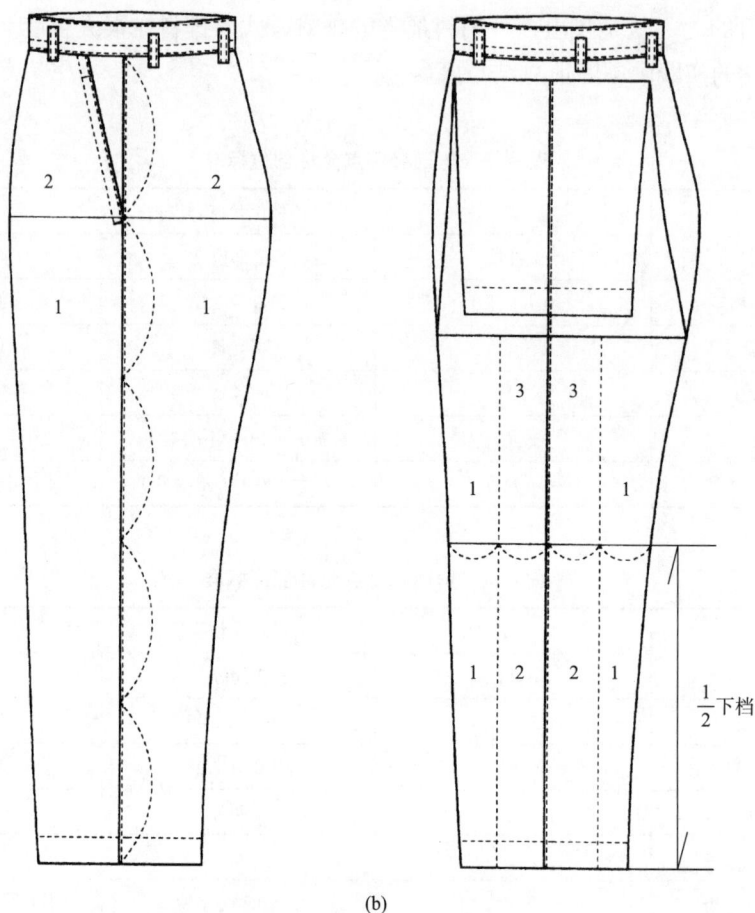

(b)

图9-3　男西装疵点允许部位图

二、服装排料的工艺技巧

排料步骤一般是先排主件，后排附件，最后排零部件。在排主要衣片的同时必须考虑到附件和零部件的摆放位置。排料时要做到合理、紧密，注意各布片及零部件的经纬纱向要求。对处于不明显部位的附件和零部件，可适当互借、拼接，尽可能节约面料。由于工业生产所用的排料一次性裁剪的数量较大，所以排料图的两端一定要排齐，这样在铺布时两端才不会造成浪费。

（一）先大后小

排料时，先将面积大的主要衣片和较大的部件样板大体排放好，然后再将面积较小的零部件样板在大片样板的间隙中进行排列。例如，先排放好大身片及袖片，再在间隙中排放领片、袋盖、袋口等。经过反复调整后将衣片逐渐靠紧。

（二）紧密套排

服装样板的形状各不相同，其边缘线有直的、弯的、斜的、凹凸等。在排料时，应根据各自的形状采取直对直、斜对斜、凸对凹、弯与弯相顺，这样可以减少样板之间的空隙，提高面料的利用率。

（三）缺口合拼

有的样板有较大的凹状缺口，但有时此缺口内又不能插进其他样板，遇到这种情况时可将两片样板的缺口拼在一起，使样板之间的空隙加大，在空隙之间可以排放另外的小片样板。

（四）大小搭配

在同一裁床上要排几个不同型号的服装样板时，应将大小不同规格的样板相互搭配，统一排放，使样板不同规格之间可以取长补短，实现合理用料。要做到充分节约面料，排料时就必须根据上述规律反复进行试排，不断改进，最终制定出最合理的排料方案。

（五）检验

排料是一项技术性很强的工作，尤其是批量排料中，涉及的规格系列号数比较多，很容易出错。所以，在画好裁剪线后，要仔细检查、核对所有衣片及零部件是否齐全、完整、准确。一是检验各个规格号型的主要裁片数量是否准确；二是检验各个规格的零部件数量是否正确；三是检验同规格中的相同衣片排列是否正确；四是检验各裁片的纱向是否符合工艺要求。在服装中许多衣片具有对称性，如上衣的衣袖、裤子的前、后裤片等，都是左右对称的两片。因此，在排料时既要保证面料正反一致，又要保证衣片的对称，避免出现"一顺"现象。

第二节　服装排料图的绘制

排料的结果要通过划样绘制出排料图，以此作为裁剪工序的依据。排料图划样的方式，在实际生产中有以下几种：

一、纸皮划样

选择一张与实际生产所用的面料幅宽相同的纸张，排好料后用铅笔将每个样板的形状划在各自排定的部位，便得到一张排料图。裁剪时将这张排料图铺在面料的表层，沿着图上的轮廓线与面料一起裁剪。采用这种方式划样比较方便，并且线迹准确清晰，但此排料图只可使用一次。

二、面料划样

将样板放在面料的反面直接进行排料，排好后用划粉将样板的形状划在面料上，铺布时将这块面料铺在最上层，按面料上划出的轮廓线进行裁剪。这种划样方式节省了用纸，但遇颜色较深的面料时，划布不如纸皮划样清晰，并且不易改动。需要对条格的面料则必须采用面料划样的方式。

三、漏板划样

指在一张与面料幅宽相同的厚纸上先进行排料，排好后用铅笔划出排料图，然后用针沿划出的轮廓线扎出密布的小孔，便得到一张由小孔组成的排料图，此排料图称为漏板。将此漏板铺在面料上，用小刷子蘸上粉末沿小孔涂刷，粉末漏过小孔在面料上显现出样板的形状，便可按此进行裁剪。采用这种划样方式制成的漏板可以多次翻单使用，适合生产大批量的服装产品，可以大大减轻排料划样的工作量。但裁剪线条是由点组成，没有直接划样的线迹清晰。

四、计算机划样

用数字化仪将纸样形状输入计算机或将在服装 CAD 打板模块中做好的样板转入排料模块，再运用服装 CAD 软件中的排料功能，按照排料的原则进行人机对话排料或计算机自动排料，然后通过绘图仪输出排料图或与自动裁床直接连接进行裁剪。计算机排料大大地节约了时间与人力，减小了误差，并能够控制面料的使用率，资料也易于保存，计算机排料在企业中的应用日益广泛。

第三节　排料实例

为了使大家对服装排料有一个比较直观的认识，本节选择一些常用的服装款式作简单的排料示意，因考虑到印刷效果，不便将衣片排得过于紧密，仅供大家参考。

一、西装裙排料（图9-4）

单件女西装裙排料，面料幅宽 144cm。

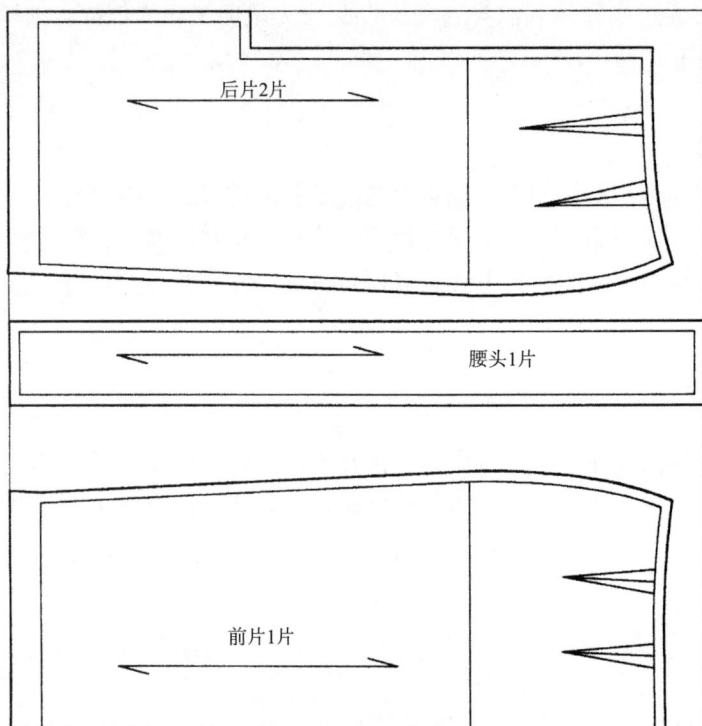

图 9-4　西装裙排料图

二、西裤排料（图 9-5）

单条男西裤排料，面料幅宽 144cm。

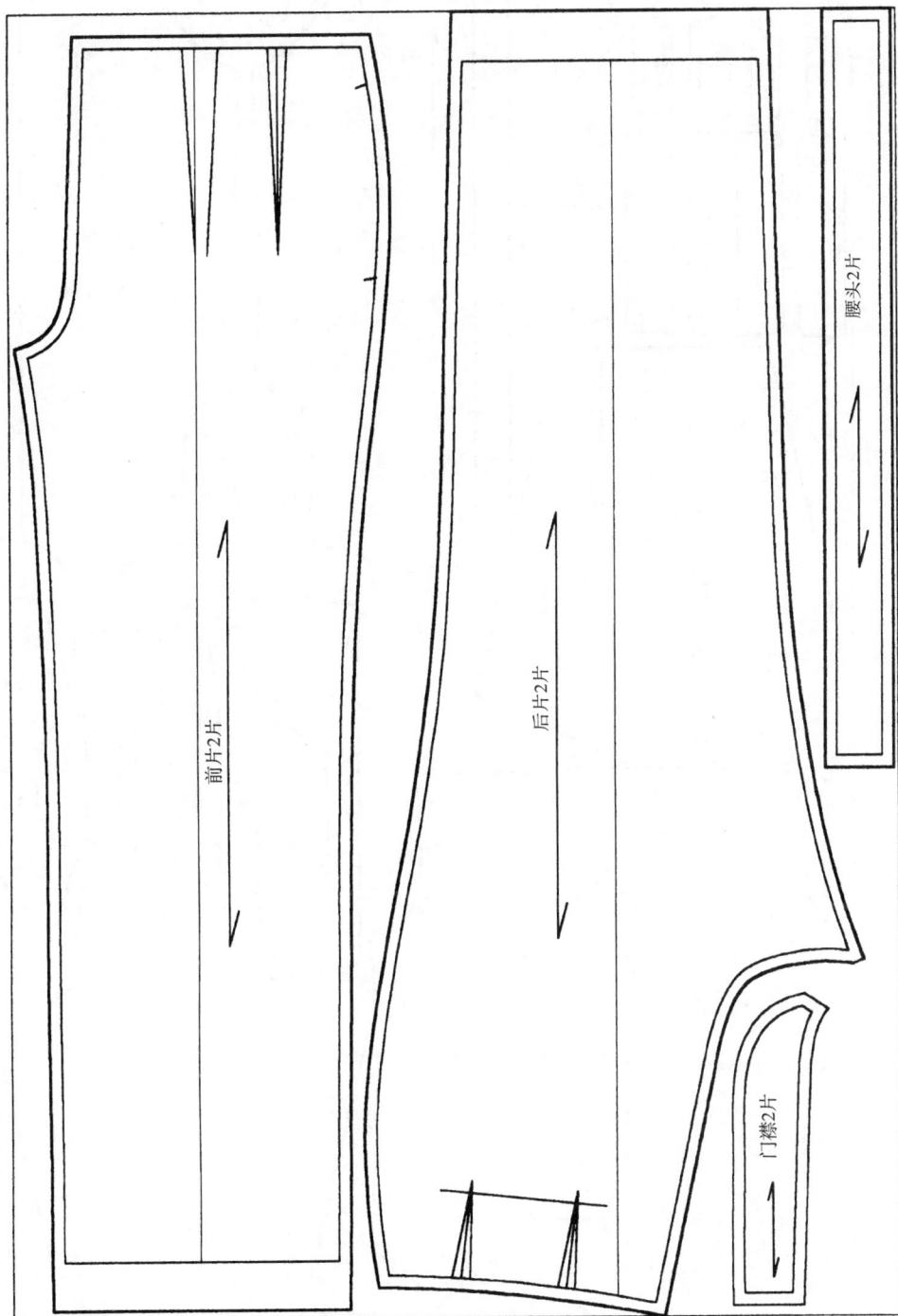

图 9-5 西裤排料图

三、男衬衫排料（**图 9-6**）

单件男衬衫排料，面料幅宽 110cm。

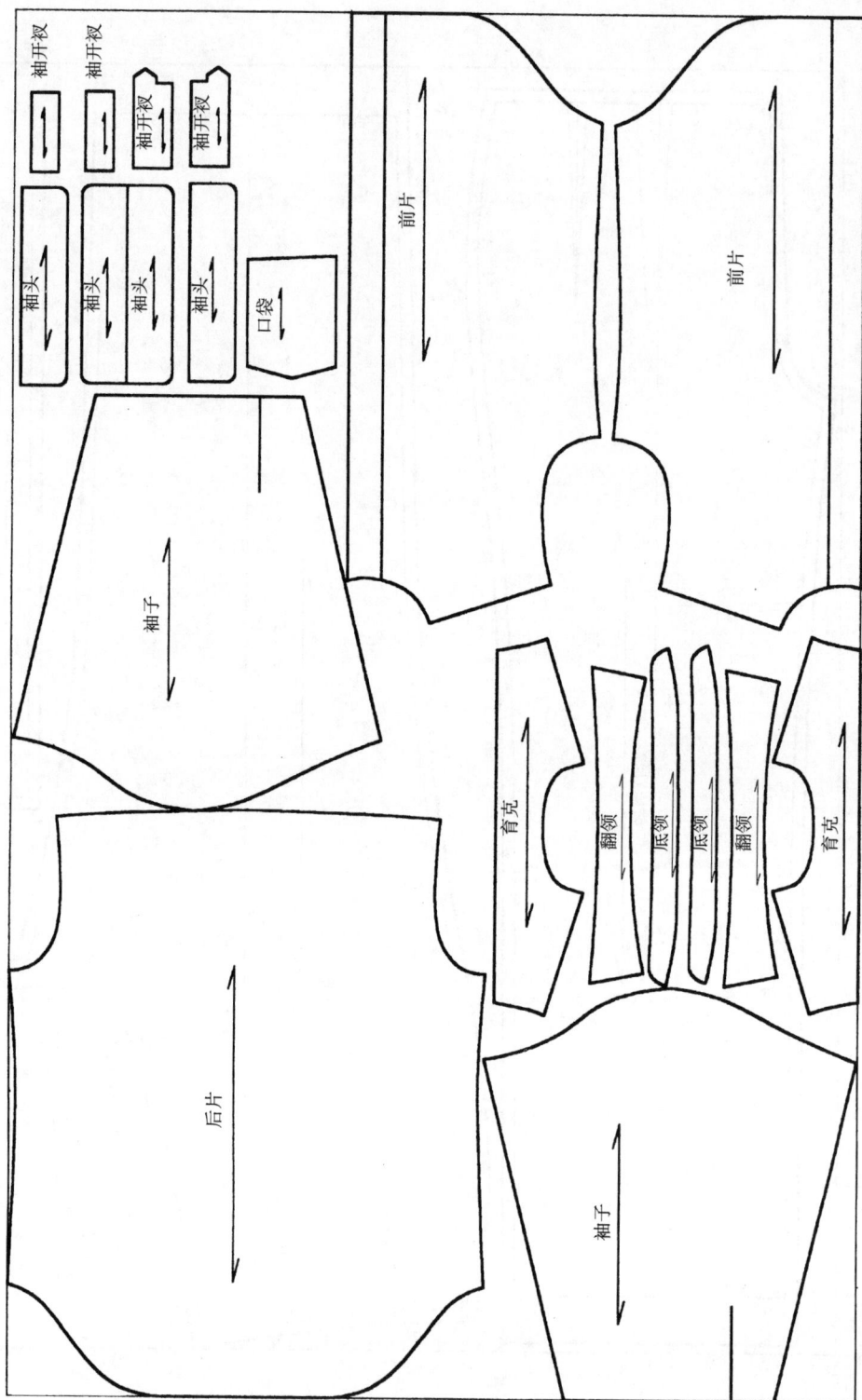

袖开衩 袖开衩 袖开衩 袖开衩

袖头 袖头 袖头 袖头 口袋

前片 前片

袖子

后片 袖子

育克 育克

翻领 底领 底领 翻领

图 9-6 男衬衫排料图

四、*女衬衫排料*

单件女衬衫排料（图9-7）

单件女衬衫排料，面料幅宽140cm。

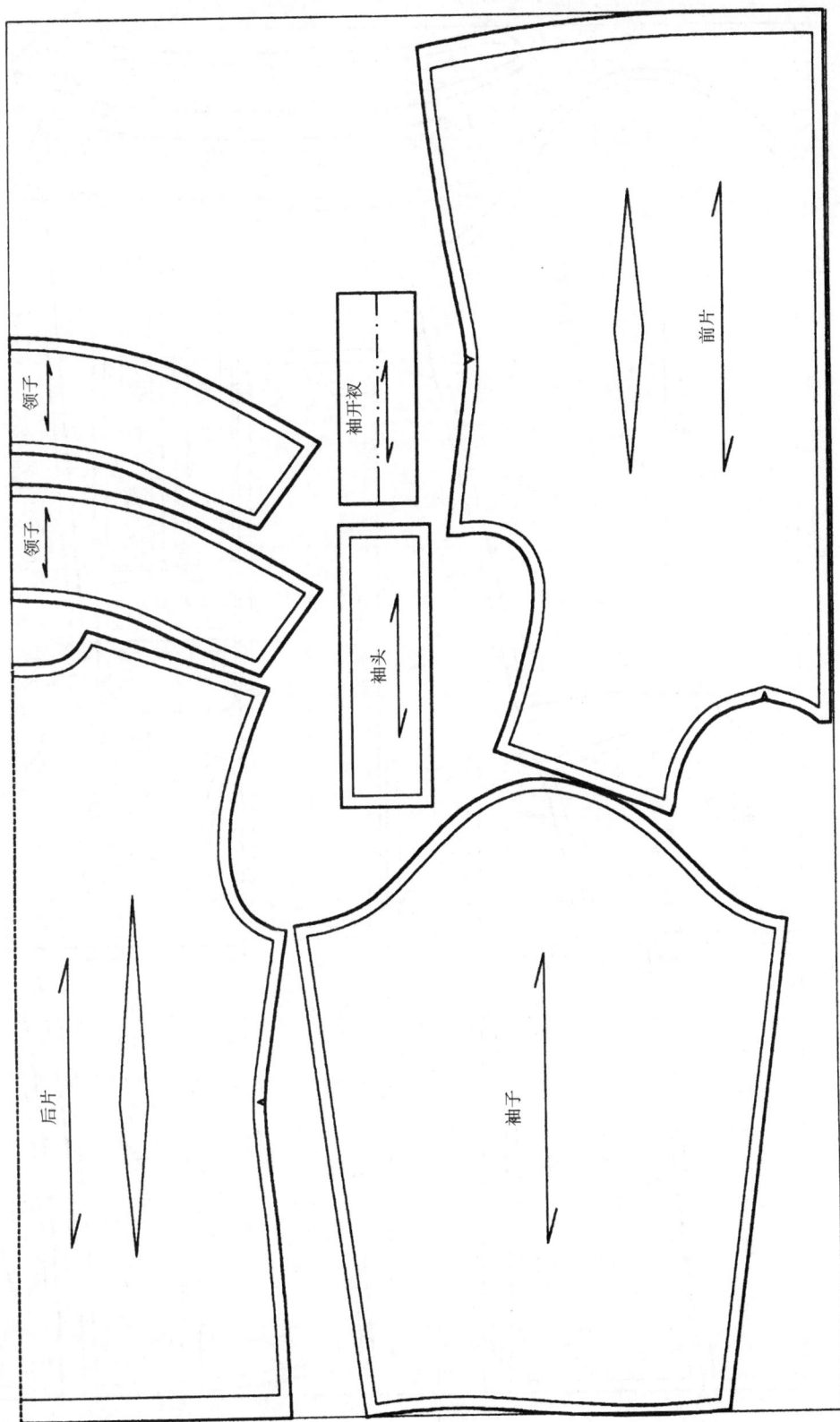

图9-7　*女衬衫排料图*

后片

领子

领子

袖开衩

袖头

前片

袖子

五、男夹克衫排料（图9-8）

单体分割型男夹克排料，面料幅宽144cm。

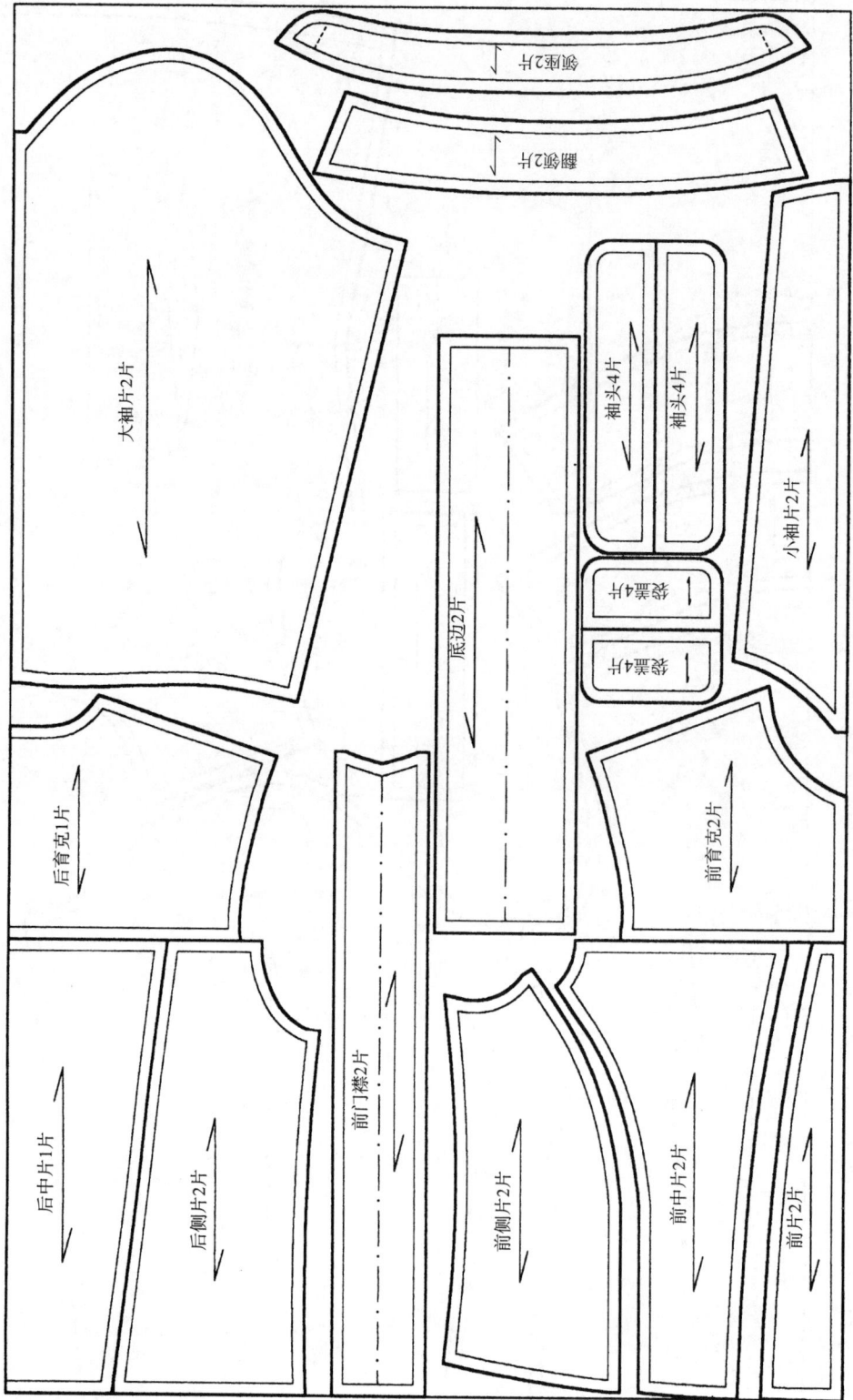

图9-8 男夹克衫排料图

六、女西装排料（图9-9）

单件女西装排料，面料幅宽144cm。

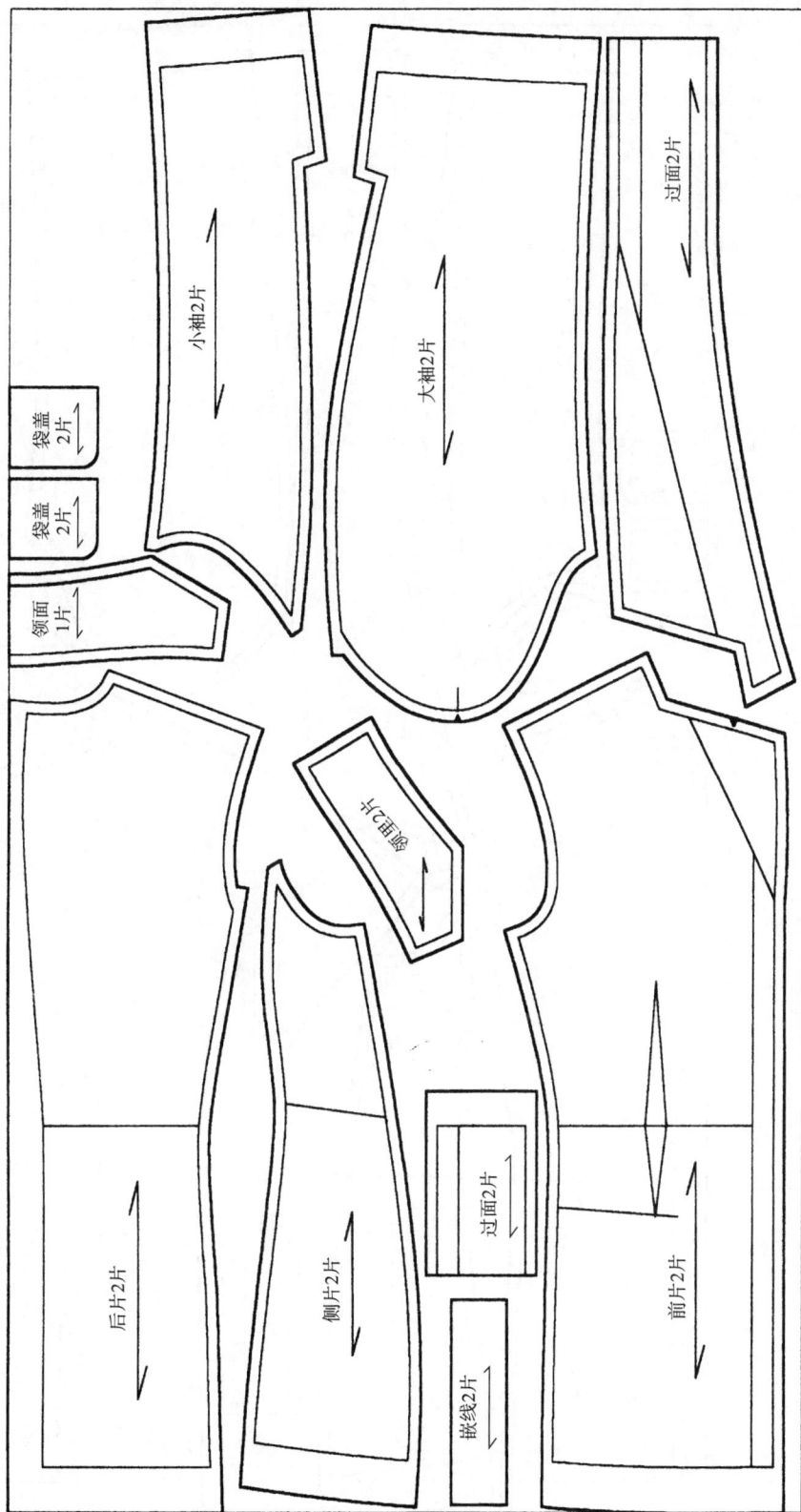

图9-9　女西装排料图（单件）

七、男西装排料（图 9-10）

单件男西装排料，面料幅宽 144cm。

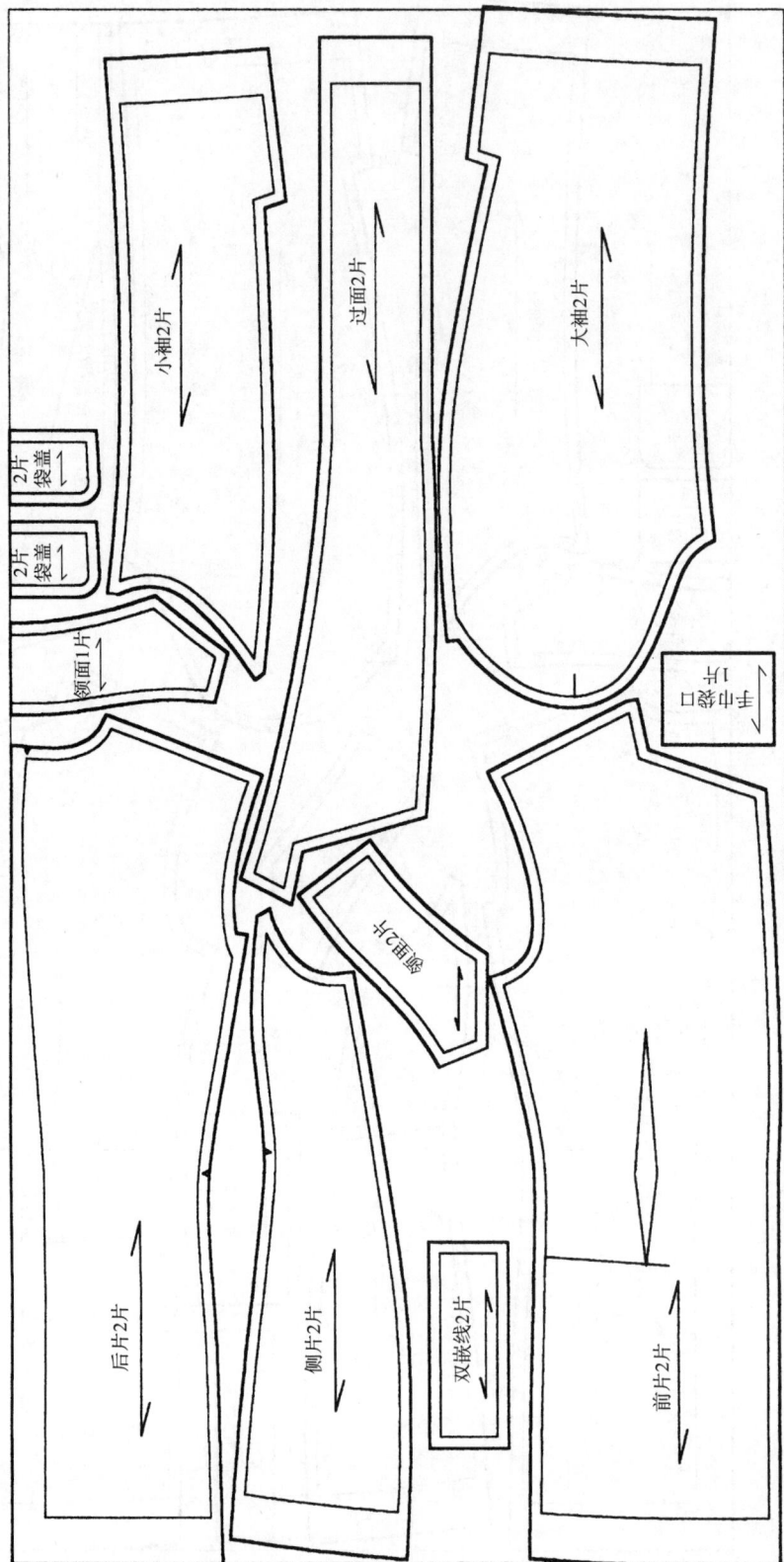

图 9-10　男西装排料图（单件）

八、男大衣排料（**图 9-11**）

单件男大衣排料，面料幅宽 144cm。

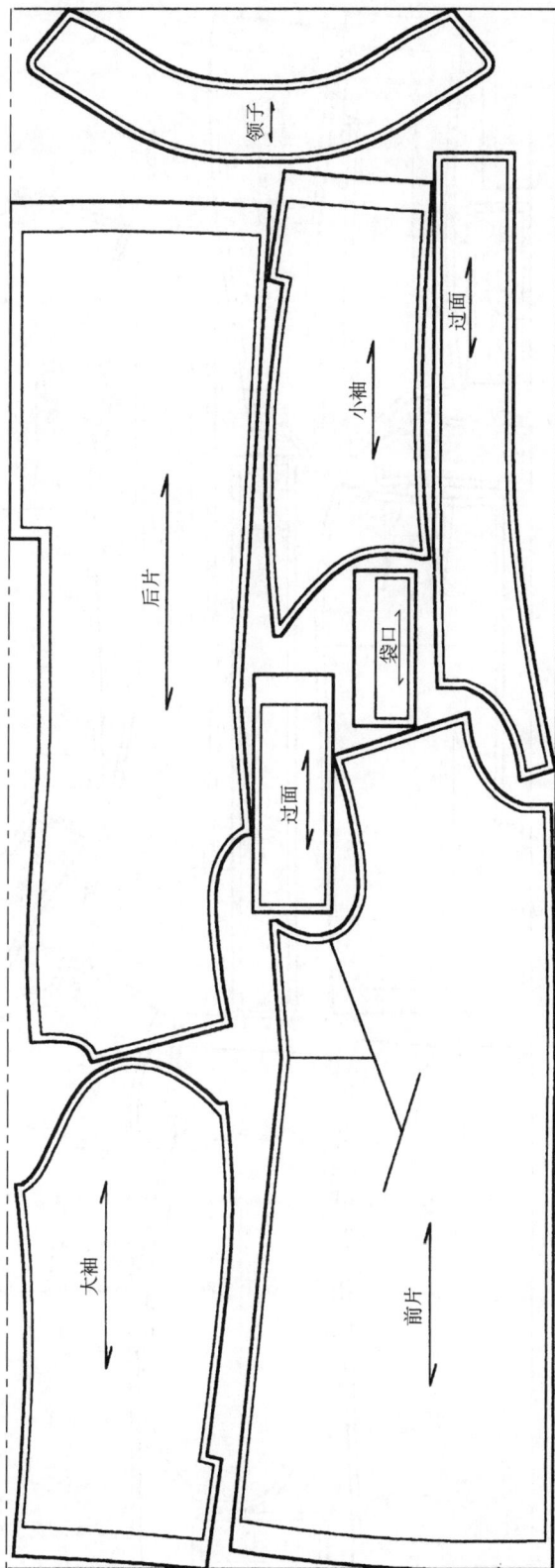

图 9-11　男大衣排料图

九、女套装排料（图9-12）

此图为同一号型的女西装和西装裙套排，面料幅宽144cm。

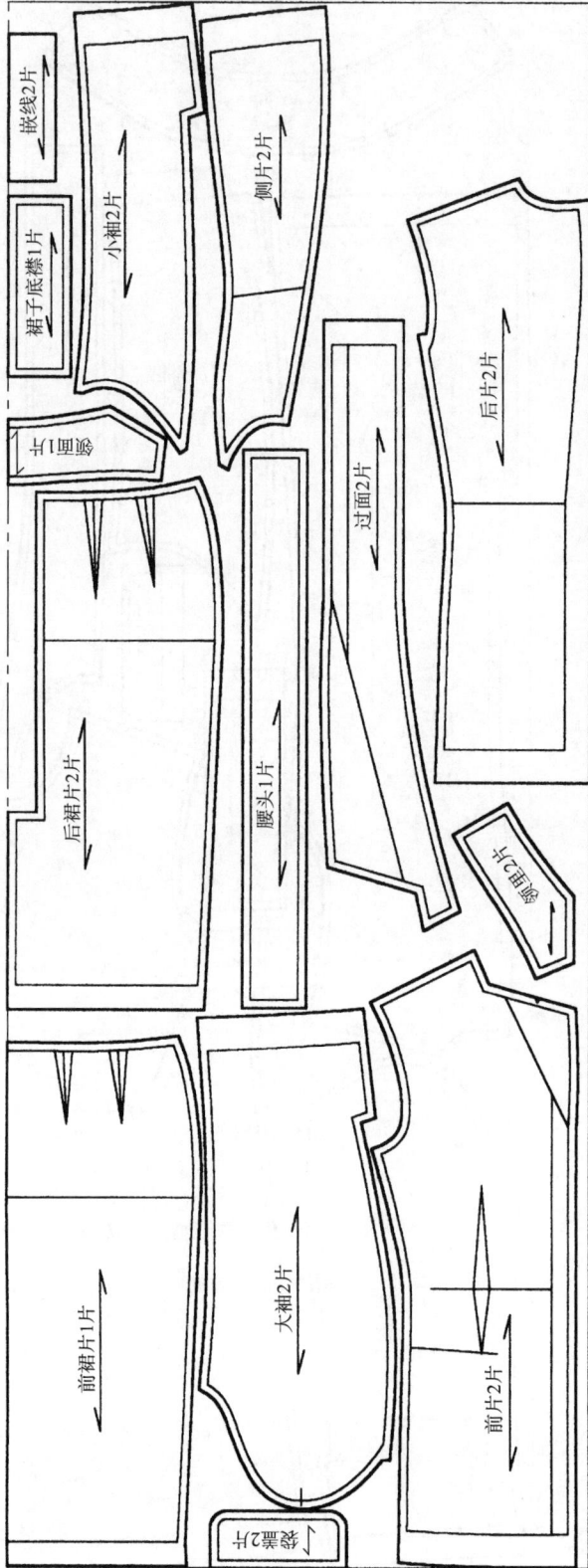

图9-12 女套装排料图

十、多号型男西装排料（图9-13）

此图为三个同款不同号型的男西装套排，面料幅宽144cm。

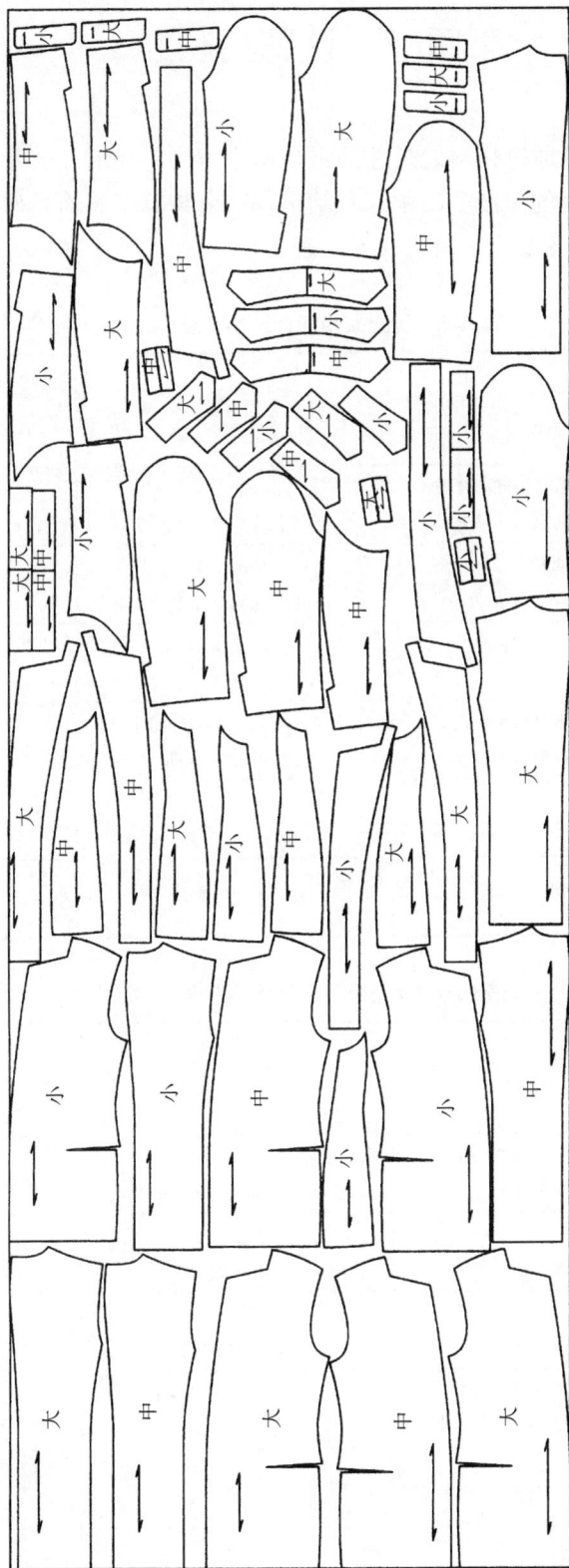

图9-13 多号型男西装排料图

第四节　计算用料

　　服装的用料数量一般是通过排料之后才能最后确定，为了提前知道常规服装的用料量，服装企业的技术人员在长期的生产实践中，总结出了一套计算服装面料使用量的经验公式，现将这些公式列出，以供大家参考（见表9-5 ~ 表9-8）。

表 9-5　男上装用料计算参考表　　　　　　　　　　　　　　单位：cm

品种 \ 幅宽 \ 胸围		90	114	72×2（双幅）
短袖衬衫	110	衣长 ×2+ 袖长（胸围每大 3 加 5）	衣长 ×2（胸围每大 3 加 3）	衣长 + 袖长 +3
长袖衬衫	110	衣长 ×2+ 袖长（胸围每大 3 加 5）	衣长 ×2+20（胸围每大 3 加 3）	衣长 + 袖长 +3
中山装两用衫	110	衣长 ×2+ 袖长 +20（胸围每大 3 加 5）	衣长 ×2+23（胸围每大 3 加 3）	衣长 + 袖长 +6（胸围每大 3 加 3）
西装	110	衣长 ×2+ 袖长 +20（胸围每大 3 加 5）	衣长 + 袖长 +10（胸围每大 3 加 3）	衣长 + 袖长 +3（胸围每大 3 加 3）
短大衣	120	—	—	衣长 + 袖长 +30（胸围每大 3 加 10）
长大衣	120	—	—	衣长 ×2+6（胸围每大 3 加 3）

表 9-6　女上装用料计算参考表　　　　　　　　　　　　　　单位：cm

品种 \ 幅宽 \ 胸围		90	114	72×2（双幅）
短袖衬衫	100	衣长 ×2+ 袖长（胸围每大 3 加 3）	衣长 ×2（胸围每大 3 加 3）	衣长 + 袖长 +3
长袖衬衫	100	衣长 ×2+ 袖长（胸围每大 3 加 3）	衣长 ×2+6（胸围每大 3 加 3）	衣长 + 袖长 +3
连衣裙	96	裙长 ×2.5（一般款式）	裙长 ×2（一般款式）	裙长 ×2
西服	100	衣长 ×2+ 袖长（胸围每大 3 加 3）	衣长 + 袖长 +6（胸围每大 3 加 3）	衣长 + 袖长 +3（胸围每大 3 加 3）
短大衣	110	—	—	衣长 + 袖长 +6（胸围每大 3 加 3）
长大衣	110	—	—	衣长 × 袖长 +12（胸围每大 3 加 6）

表9-7　男女裤用料计算参考表　　　　　　　　　　　单位：cm

品种＼幅宽	77	90	72×2（双幅）
男长裤	卷脚口：（裤长+10）×2 平脚口：（裤长+5）×2 （臀围超过116，每大3加7）	裤长×2+3 （臀围超过116，每大3加5）	裤长+10 （臀围超过112，每大3加3）
男短裤	（裤长+12）×2 （臀围超过116，每大3加7）	裤长×2 （臀围超过116，每大3加5）	裤长+12 （臀围超过112，每大3加3）
女长裤	（裤长+3）×2 （臀围超过120，每大3加7）	裤长×2+3 （臀围超过120，每大3加5）	裤长+3 （臀围超过116，每大3加3）

表9-8　不同门幅换算表　　　　　　　　　　　　　　单位：cm

原门幅＼改用门幅	90	114	备注
90	1	0.8	用不同门幅面积相等的原理进行换算，即： 原门幅×原用料=改用门幅×改用料（x） x=原门幅×原用料/改用门幅 =原用料×改用门幅换算率
114	1.27	1	

参考习题

1. 工业生产中服装排料的原则有哪些？

2. 服装排料的步骤是什么？

3. 对有条格的面料在排料时衣片如何摆放？

4. 服装排料图的绘制方法有几种，各自的特点是什么？

5. 选择2～3种服装款式作单件排料练习。

6. 选择男女夹克衫和长裤作套排练习。

7. 按照大中小三个号型作出男西装的排料图。

参考文献

［1］吕学海. 服装结构原理与制图技术［M］. 北京：中国纺织出版社，2008.

［2］吴清萍，黎蓉. 服装工业制板与推板技术［M］. 北京：中国纺织出版社，2011.

［3］闵悦，李淑敏. 服装工业制板与推板技术［M］. 北京：北京理工大学出版社，2010.

［4］王海亮，周邦桢. 服装制图与推板技术［M］. 北京：中国纺织出版社，2004.

［5］潘波. 服装工业制板（第3版）［M］. 北京：中国纺织出版社，2016.

［6］李晓久，单毓馥. 服装纸样放缩［M］. 北京：中国纺织出版社，2006.